将来的你，
一定会感谢现在微笑的自己

在生活舒心写意时，笑颜常开乃易事；
而在烦恼接踵而至时，仍能微笑的人，才活得有价值。

孙郡锴◎编著

中國華僑出版社

图书在版编目（CIP）数据

将来的你，一定会感谢现在微笑的自己 / 孙郡锴编著 . —北京：中国华侨出版社，2015. 9

ISBN 978 - 7 - 5113 - 5657 - 4

Ⅰ. ①将… Ⅱ. ①孙… Ⅲ. ①人生哲学 - 通俗读物
Ⅳ. ①B821 - 49

中国版本图书馆 CIP 数据核字（2015）第 211284 号

●将来的你，一定会感谢现在微笑的自己

编　　著/孙郡锴
责任编辑/文　蕾
封面设计/纸衣裳書裝 · 孙希前
经　　销/新华书店
开　　本/710 毫米 ×1000 毫米　1/16　印张 15　字数 220 千字
印　　刷/北京一鑫印务有限责任公司
版　　次/2015 年 10 月第 1 版　2019 年 8 月第 2 次印刷
书　　号/ISBN 978 - 7 - 5113 - 5657 - 4
定　　价/29. 80 元

中国华侨出版社　　北京朝阳区静安里 26 号通成达大厦 3 层　　邮编 100028
法律顾问：陈鹰律师事务所
编辑部：（010）64443056　　64443979
发行部：（010）64443051　　传真：64439708
网　址：www. oveaschin. com
e- mail：oveaschin@ sina. com

前言

活着，就会有烦恼，但你不能被这烦恼一直纠缠。如今，有些人觉得自己活得特别累，过得并不快乐。这就是心态出了问题。其实，心态不好，说穿了就是：心太小了！心态的“态”字拆解开来，就是心大一点，心若每天都能大一点，又怎么会特别累，怎么会不快乐呢？

你生气，是因为心不够大度；

你焦虑，是因为心不够从容；

你惆怅，是因为心不够阳光；

你悲伤，是因为心不够坚强；

你郁闷，是因为心不够豁达；

你喊苦喊累、烦恼丛生，真的就是因为心太小啦！

你的心态决定了你一生的高度。你认为自己贫穷、困苦，根本无可救药，那么你的一生就只能在穷困潦倒中度过；你认为贫穷是可以改变的，你将会积极、主动地面对贫困。你的世界也就随之改变了。换言之，你一切苦闷的根源都在自己这里。人之一生，是苦是乐，就取决于人的那颗心。心大的人，往往是能够战胜痛苦的强者，心小的人，越是纠结越受痛苦的折磨。其实很多时候事情发生了，既然已经无力改变，又何必耿耿于怀？再重的担子，你笑着也是挑，哭着也是挑；再苦的生活，你微笑着去撑，也就撑过去了。

已故的美国小说家塔金顿常说：“我可以忍受一切变故，除了失明，我绝不能忍受失明。”可是在他60岁的某一天，当他看着地毯时，却发现地毯的颜色渐渐模糊，他看不出图案。他去看医生，得知了残酷的现实：

他即将失明。后来，他有一只眼差不多全瞎了，另一只也接近失明。他最恐惧的事终于发生了。

塔金顿面对这最大的灾难作何反应呢？他是否觉得：“完了，我的人生完了！”完全不是，令人惊讶的是，他还蛮愉快的，他甚至发挥了他的幽默感。这些浮游的斑点阻挡他的视力，当大斑点晃过他的视野时，他会说：“嘿！又是这个大家伙，不知道它今早要到哪儿去！”完全失明后，塔金顿说：“我现在已接受了这个事实，也可以面对任何状况。”

为了恢复视力，塔金顿在一年内得接受12次以上的手术，而且只是采取局部麻醉。他了解这是必需的，无可逃避的，唯一能做的就是坦然地接受。他拒绝了住私人病房，而和大家一起住在大众病房，想办法让大家高兴一点。当他必须再次接受手术时，他提醒自己是何等幸运：“多奇妙啊，科学已进步到连人眼如此精细的器官都能动手术了。”

其实生活中，我们每个人都可能存在着这样的弱点：不能面对苦难。但是，只要坚强，每个人都可以接受它。像本以为自己绝不能忍受失明的塔金顿一样，这个时候他却说：“我不愿用快乐的经验来替换这次的体会。”他因此学会了接受，并相信人生没有任何事会超过他的容忍力。如塔金顿所说的，此次经验教导他“失明并不悲惨，无力容忍失明才是真正悲惨的”。

其实有很多烦恼和痛苦都是很容易解决的，如塔金顿那般，只要你肯换种角度、换个心态去看待，你就会有另外一番光景。以往，我们总是习惯将自己的痛苦归咎于外因，你的家庭不和睦，你的事业不如意，你身体不健康，你的心境不快乐……之前，我们总以为，是周围的人不好，使自己过得不好。其实一切应该向内求因。你变了，你的世界也就变了，你的心大了，你的世界也就豁达了。

所以，从现在开始，我们都要微笑着面对生活，不要抱怨生活给了我们太多的磨难，不要抱怨生活中有太多曲折，不要抱怨生活中存在不公。当你走出生活中的阴霾，回首过往，一定会感谢现在微笑的自己！

目录

一、放开心量，烦恼都是自找来

每个人都曾有过烦恼或正在经历烦恼，事实上，这些烦恼都是自找来。一个浮躁的人往往易于自寻烦恼。你可以寻找甜蜜的爱情，你可以寻找美好的生活，但你决不可以自寻烦恼。请记住：烦恼就像天空上的一小片乌云，如果你的心中是一整片晴空，那么烦恼不会对你有丝毫的影响。

二、别再苛求，缺憾未尝不是福

事事追求完美是一件痛苦的事，它一如毒害我们心灵的药饵。因为这个世界本来就不是完美的，过去不是、现在不是、将来也不是，它本来就是以缺陷的形式呈现给我们的。人如果事事追求完美，那无疑是自讨苦吃。如果说完美是毒，那么缺陷就是福。如果事事可以不追求完美，那日子肯定就会过得快乐一些。

三、一身清闲，莫将名利挂心头

人生如赶路，凡尘只一行。功名利禄、荣华富贵，只不过都是过眼浮云。闲听世态百相，笑对生活冷暖，放眼观风景，不与人事争，心似莲花静静开，失去得到皆美好。

四、再苦再累，也别轻贱了心灵

所有用钱买得到的东西，都不是值得夸耀的奢侈品。真正有品位，是看似一无所有，但感觉拥有一切，就算有天失去所有财富，仍会务实对待生活。真正的奢侈，不是金钱多寡或排场大小，而在于你有没有能力摆脱庸俗！只要心还富足，就能活得很潇洒！

五、淡然一点，取舍之间必有得失

人生就是这样，得失无常，祸福互倚，凡是路过的，都算风景；一段情，某件事，能占据记忆的，皆是幸福。等走远了再回望才发现，挫败让人坚强，别离令人珍惜，伤痛使人澄清。再美好的东西，你也无法拥有太久，得到的都是短暂；失去的曾经，亦不必太留恋，只有从过去中站起，明天才会有希望。

六、放开自己，别让爱变成痛苦

伤害过你的人，你可以原谅他，但不必轻易言欢，任何伤痕都难以瞬间愈合；背叛过你的人，你可以遗忘他，但无须苦苦挽回，心不在一起，还是趁早分道扬镳；再喜欢一个人，若他对你视而不见，那就决绝地错过，情感中若有卑微，尊严就无处可寻。别让爱情变成一种痛——如果你不爱一个人，请放手，好让别人有机会爱他。如果你爱的人放弃了你，请放开自己，好让自己有机会爱别人。

七、一花凋零，荒芜不了整个春天

人生没有苦难，只有经历。好多事，你要觉得累，那就真累，你要不当回事，也就不是事了。生活苦不苦，看你用什么样的心态去看。自己喜欢，苦便不是苦，而是带着汗水的甜。所以，别在树下徘徊，别在雨中沉思，别在黑暗中落泪。向前看，不要退缩，只要你勇于面对抬起头来，就会发现，分手的阴霾不过是短暂的雨季。向前看，还有一片明亮的天，不会使人感到彷徨。

八、所谓门槛，过不去才是坎儿

生命就是一场变幻莫测的颠簸，谁也无法左右，但却能左右自己的心。爱走了，还会有下一场的花开，真心付出就无怨无悔，曾经的美好也是买不到的回忆。身体残了，心还跳动着，别在命运面前低头，所谓门槛，过去了是门，过不去才是坎儿！

九、就做自己，你不能让所有人都满意

做到问心无愧代价不菲，只要做得对就是最大的安慰。不管是谁只活一回，对得起自己，也就不必说后悔。问天问地问心无愧，只要做得对不管有没有人陪。不管是谁只活一回，对得起自己，永远别问痛不痛、累不累。

十、自我摆渡，再苦也要笑着活

生命的日子，有时阴雨，有时晴天，有时坎坷，有时平川，一个不小心，你就会撞上没有舟的渡口、没有桥的河岸。烦闷与苦恼亦如夏日里的雷雨，突然飘过来就会将你的心打湿；挫折与苦难常常猝不及防地扑来，你甚至来不及反应就轰然倒地。倒在没有舟的渡口、没有桥的岸边，四周似乎是无尽的黑暗……这个时候，你应该在黑暗中给自己折一只船，将自己摆渡到对岸。

一、放开心量，烦恼都是自找来

每个人都曾有过烦恼或正在经历烦恼，事实上，这些烦恼都是自找来。一个浮躁的人往往易于自寻烦恼。你可以寻找甜蜜的爱情，你可以寻找美好的生活，但你决不可以自寻烦恼。请记住：烦恼就像天空上的一小片乌云，如果你的心中是一整片晴空，那么烦恼不会对你有丝毫的影响。

我们为什么会烦恼

奋斗、工作、追求进步等，我们做这一切，说到底都是为了使生活变得更加美好，倘若因此影响了生活的质量，岂不是得不偿失？看淡一些，生活自然会变得轻松写意，否则你的人生就真的要被惨淡套牢了。

投入生活，就会受到来自诸多方面烦恼的干扰，常常令我们身心疲惫、痛苦不堪，然而心病还需心药医，只有我们从内心摆脱这些烦恼的束缚，将它们全部抛开，才能让心灵得到真正的轻松。

在当今这个所谓呼唤英雄的时代，人们总是在无休止地攀比，在徒劳中垂死挣扎，在摒弃逆来顺受懦性的同时，也失去了心境的平静。而在这个以成败论英雄的社会，我们真的需要放下所谓的烦恼，谁说跟命运抗争就一定会赢呢，或许命运本身就是对的！所以，我们也该卸下强出头的烦恼！顺其自然，或许，这样的心境能让我们有种“柳暗花明又一村”的惊喜！

佛家有一首名为《无题》的诗偈：

春有百花秋有月，夏有凉风冬有雪。

若无闲事挂心头，便是人间好时节。

此偈的首两句描写大自然的景致：春花秋月，夏风冬雪，皆是人间胜景，令人赏心悦目，心旷神怡。然而禅师将话锋一转又说，世间偏偏有人不能欣赏当下拥有的美好，而是怨春悲秋，厌夏畏冬，或者是夏天里渴望冬日的白雪，而在冬日里又向往夏天的丽日，永无顺心遂意的时候。这是因为总有“闲事挂心头”，纠缠于琐碎的尘事，从而迷失了自我。只要放下一切，欣赏四季独具的情趣和韵味，用敏锐的心去感悟体会，不让烦恼和成见常住心头，便随时随地可以体悟到“人间好时节”的佳境禅趣。

只要我们正在经历生活，就免不了会有一些事情占据在心间挥之不去，让我们吃不下、睡不着，然而这些事情却并非那么重要而让我们非装着不可的，只是我们庸人自扰罢了。

有这样一个故事：

几位同窗去拜访大学老师，觥筹交错之际，乘着酒性众人纷纷诉说起自己的不如意，诸如工作压力太大，竞争中受挫，商场失利，生活琐事太多，等等。老师听后微笑不语，只是吩咐师娘不断地为大家夹菜、添菜。

餐后，老师自厨房取出一大堆杯子摆在茶几上，杯子的形态各异，有好有坏，其中有陶瓷的，有玻璃的，有塑料的，有的杯子看起来高贵典雅，有的杯子看起来粗陋低廉……接着老师对大家说道：“你们都是我的学生，我也就不客套了，谁如果口渴了，就自己倒点水喝吧。”

众人说了半天，早已经口干舌燥，听老师这样一说，也不再客套，于是纷纷拿起自己看中的杯子倒起水来，等到最后一位同学也将杯子注满以后，老师发话了："不知道你们是否注意到了，大家挑的都是最好看、最精致的杯子，而那些不起眼的杯子，却摆在那里无人问津。"

众人并不觉得奇怪——谁不希望自己手中是一只好看的杯子？只听老师继续说道："这就是你们烦恼的根源所在。是的，大家喝的是水，而不是杯子，但我们却下意识地选择漂亮水杯。这就像我们的生活，若将生活比作水，钱财、工作、名利就是盛水的杯子，它的好坏并不会影响水的质量。如果你一直将目光盯在杯子上，就无法体会到水的甘甜。"

我们喝的是水，而不是杯子，为何偏偏要去在意杯子的好坏？这或许就是我们烦恼的根源所在。

你比很多人要幸福

对于我们的眼睛，不是缺少美，而是缺少发现。生活里有许许多多的美好、许许多多的快乐，关键在于你能不能发现它。

幸福是一种内心的满足感，是一种难以形容的甜美感受。

它与金钱地位无关，只在于你是否拥有平和的内心、和谐的思想。

一个充满忌妒想法的人是很难体会到幸福的，因为他的不幸和别人的幸福都会使他自己万分难受；一个虚荣心极强的人是很难体会到幸福的，因为他始终在满足别人的感受，从来不考虑真实的自我；一个贪婪的人是很难体会到幸福的，因为他的心灵一直都在追求，而根本不会去感受。

幸福是不能用金钱去购买的，它与单纯的享乐格格不入。比如你正在大学读书，生活相当清苦，但却十分幸福。过来人都知道，同学之间时常小聚，一瓶二锅头、一盘花生米、半斤猪头肉，就会有说有笑，彼此交流读书心得，畅谈理想抱负，那种幸福之感至今仍刻骨铭心，让人心驰神往。昔日的那种幸福，今天无论花多少钱都难以获得。

一群西装革履的人吃完鱼翅鲍鱼笑眯眯地从五星级酒店里走出来时，他们的感觉可能是幸福的。而一群外地民工在路旁的小店里，就着几碟小菜，喝着啤酒，说说笑笑，你能说他们不幸福吗？

因此，幸福不能用金钱的多少去衡量，一个人很有钱，但不见得很幸福。因为，他或者正担心别人会暗地里算计他，或者为取得更多的名利而处心积虑。许多人全心全意追求金钱，认为有了钱就可以得到一切，事实证明，那只是天真的想法。

其实，幸福并不仅仅是某种欲望的满足，有时欲望满足之后，体验到的反而是空虚和无聊，而内心没有嫉妒、虚荣和贪婪，才可能体验到真正的幸福。

湖北的一个小县城里，有这样一家人，父母都老了，他们有三个女儿，只有大女儿大学毕业有了工作，其余的两个女儿还都在上高中，家里除了大女儿的生活费可以自理外，其余人的生活压力都落在了父亲肩上。但这一家人每个人的感觉都是快乐的。晚饭后，父母一同出去散步，和邻居们拉家常，两个女儿则去学校上自习。到了节日，一家人团聚到一块儿，更是其乐融融。家里时常会传出孩子们的打闹声、笑声，邻居们都羡慕地说："你们家的几个闺女真听话，学习又好。"这时父母的眼里就满是幸福的笑。其实，在这个家里，经济负担很重，两个女儿马上就要考大学，需要一笔很大的开支。家里又没有一个男孩子做顶梁柱，但女儿们却能给父母带来快乐，也很孝顺。父母也为女儿们撑起了一片天空，让她们在飞出家门之前不会感受到任何凄风冷雨。所以，他们每个人都是快乐和幸福的。

古人李渔说得好："乐不在外而在心，心以为乐，则是境皆乐，心以为苦，则无境不苦。"意思是：一个人是否幸福不在于自己外在情况怎样，而在于内在的想法。如果你有积极的想法，即使是日常小事，你也会从中获得莫大的幸福；倘若你消极思考，那么任何事情都会让你感到痛苦。苏轼也说："月有阴晴圆缺，人有悲欢离合，此事古难全。"既然"古难全"，为什么你不去想一想让自己快乐的事，而去想那些不快乐的事呢？一个人是否感觉幸福，关键在于自己的想法。

如果今天早上你起床时身体健康，没有疾病，那么你比几百万的有病之人更幸运，因为他们中有的甚至看不到下周的太阳了；如果你从未尝试过战争的危险、牢狱的孤独、酷刑的折磨和饥饿的滋味，那么你的处境比其他5亿人更好；如果你在银行里有存款，钱包里有票子，盒里有零钱，那么你属于世上8%最幸运之人；如果你父母双全，没有离异，且同时满足上面的这些条件，那么你的确是那类很幸运的地球人。

所以，去工作而不要过于以挣钱为目的；去爱而忘记别人对你的不是；去跳舞而不管是否有他人关注；去唱歌而不要想着是否有人在听；去生活就想这世界便是天堂。这样，你就会发现其实你也很幸福!

凡事多往好处想

消极的人多抱怨，积极的人多希望。消极的人等待着生活的安排，积极的人主动安排、改变生活。积极的思想是快乐的起点，它能激发你的潜能，愉快地接受意想不到的任务，悦纳意想不到的变化，宽容意想不到的冒犯，做好想做又不敢做的事，获得他人所企望的发展机遇，你自然也就会超越他人。而如果让消极的思想压着你，你就会像一个要长途跋涉的人背着沉重而无用的大包袱一样，使你看不到希望，也失掉许多唾手可得的机遇。

总从坏的一面看问题是一种悲观想法，它会抑制你的进取心，让你被忧虑侵蚀，因此，我们一定要战胜这种不好的思考方式。

一场大水冲垮了女人家的泥屋，家具和衣物也都被卷走了。洪水退去后，她坐在一堆木料上哭了起来：为什么她这么不幸？以后该住在哪儿呢？镇里的表姐带了东西来看她，她又忍不住跟表姐哭诉了一番，没想到表姐非但没有安慰她，还斥责起她来：“有什么好伤心的？泥房子本来就不结实，你先租个房子住段时间，再盖砖瓦的不就好了！”

故事中的女人就是生活中的悲观者的代表，他们遇事总是拼命往坏的一面想，自找烦恼，死钻牛角尖，不问自己得到了什么，只看自己失去了多少，结果情况越来越糟糕，心情越来越低落。其实，任何事情都有坏的一面和好的一面，如果能从积极的方面看问题、想办法，那么就会有一个截然不同的结果，做起事来也就会更加得心应手。

有这样一则民间故事：

有位秀才第二次进京赶考，住在一个以前住过的店里。考试前一天他接连做了两个梦：第一个梦是梦到自己在墙上种高粱；第二个梦是下雨天，他戴了斗笠还打伞。这两个梦似乎有些深意，秀才第二天就赶紧去找算命的解梦。算命的一听，连拍大腿说："你还是回家吧，你想想，高墙上种高粱不是白费劲吗？戴斗笠还打雨伞不是多此一举吗？"秀才一听，心灰意冷，回店收拾包袱准备回家。店老板非常奇怪，问："不是明天才考试吗，你怎么今天就回乡了？"秀才如此这般解说了一番，店老板乐了："咳，我也会解梦的。我倒觉得，你这次一定要留下来。你想想，墙上种高粱不是高种（中）吗？戴斗笠打伞不是说明你这次是有备无患吗？"秀才一听，觉得店老板的话比算命的话更有道理，于是精神振奋地参加考试，居然中了个榜眼。

角度不同，对问题的看法各有所异，有人积极，有人消极。消极思维者只看坏的一面，对事物总能找到消极的解释，最终他们也将得到消极的结果。而积极思维者却更愿意从好的方面考虑问题，并通过自己的努力，得到一个积极的结果。所有这一切正如叔本华所言："事物的本身并不影响人，人们是受到对事物看法的影响！"

悲观的人永远都是想到自己只剩下百万元而担忧，乐观的人却永远为自己还剩下一万元而庆幸。面对金黄的晚霞映红半边天的情景，有人叹息："夕阳无限好，只是近黄昏。"也有人想到的却是："莫道桑榆晚，晚霞尚满天。"面对半杯饮料，有人遗憾地说："可惜只有半杯了。"有人庆幸地说："尚好，还有半杯可饮。"不同的人对同一件事有不同的心情，就因为对其有不同的想法，结果当然也会大相径庭。

我们每个人都有自己的生活，都有选择精彩人生的机会，关键在于你的想法是否总是朝向积极的一面。凡事往好处想，就会觉得人生快乐无比。人生没有绝对的苦乐，只要凡事肯向好处想，自然能够转苦为乐、转难为易、转危为安。海伦·凯勒说：“面对阳光，你就会看不到阴影。”积极的人生观，就是心里的阳光！

抱怨是可怜虫才会做的事

没有谁能事事如意，倘若事有不顺便抱怨连天、自认可怜，而不是想办法去解决。那么，这一辈子你就只能做个可怜人，而且，这样的人，没有人会看得起。

事业不顺、婚姻不顺、生活不顺……种种不顺一时间都让你碰上了。这时，如果你一味地顾影自怜会觉得自己是天底下最倒霉的人。于是，从此在别人面前或者内心里，你成了一个自怜并需要别人同情的可怜人，于是你变得真的可怜，而那个真实的自己就这样被掩盖起来。

如果你有与生俱来的音乐天赋，外加你在钢琴上下了10年的苦功，使你成为大众公认的音乐家了，你用你音乐的才能，赚到了进大学的费用；你在大学医科选定了外科的专业，专心研习，希望将来能成为一个良好的服务者；同时，你又热心地希望用音乐做你的副业，而对于人类也有服务的机会。然而当你正在这样热心地期待着将来的事业成功的时候，你不幸地遭遇车祸，你的双手被撞坏，在你的专业与爱好上都无法发挥作用。这时候，你该怎么办呢？

倘若你除音乐的才能之外，还有演说才能，当对外科医生与音乐都绝望时，你日夜训练，使自己成为了一个演说家、教育家。经过几年的训练和研究之后，你居然做到了，并且赚了很多钱，却在这时候，你又得了严重的胃溃疡住进了医院。经过半年多的时间，病虽然好了，但大病初愈还须休养才能恢复。这时候，你又该怎么办呢？

以上的这些问题，都是梅森先生亲身经历的。

上天既赋予梅森先生音乐和演说的才能，同时又赋予他不屈不挠的精神，所以他虽在这些悲惨的情形之中，却从没有过自暴自弃的念头。虽然在这两种情形之中，他也曾有过失望，这正如一个人倾尽所有投资于一家工厂，等到工厂要开工的时候，忽然半夜他被人唤醒，他所有的一切都在半夜的火焰里化为灰烬的情形一样。

但是，自怜是于事无补的，在这时候，他得到了在小时候曾经发生过的一件事情的帮助。他在幼小的时候，他母亲先患伤寒，继之患肺炎，最后又患脑膜炎。医院和医师的记录可以证明在医药史料之中，他的母亲的昏迷状态算是时间很长了。他希望母亲醒过来，认得他，可母亲一直没有知觉。有一天晚上，父亲先后请来了几位医师，都说母亲的病无望了。将近半夜的时候，他们的家庭医师告诉父亲说，母亲的生命维持不到天亮了，让父亲预备后事。他听到这悲惨的消息哭叫一声，跪在父亲的脚边，抱着他的踝骨哭了起来。他的父亲立即抱起他来，要他站着，父亲看见他站也站不住只是哭个不休，于是正色望着他，对他说道："儿啊，这是人类不得不勇敢地站起来去对付的困难事件之一。"

隔了13年，他被汽车撞坏了双手，对于他理想中的前途完全绝望，他的心不知不觉回到了母亲临危的那夜里，竟忍不住哭了起来。但是他的耳朵里忽然听到父亲的声音："儿啊，这是人类不得不勇敢地站起来对付的困难事件之一。"

多少年以来，梅森先生到处演说，到处播音，他曾遇到了很多的男女老少来他这里畅谈他们的不幸和悲伤，其中有许多人说："实在没办法了，我只得预备自杀！"但是，真的没有办法了吗？事实上不过甘心自弃罢了！掀掉这个自我怜悯的假面具你会发现：还有一个比自己想象中更坚强的自己。

快乐一直在等你

其实，快乐就在你身边，触手可及。很多人之所以体会不到，是因为他们把自己锁在烦恼的怪圈之中，不肯迈出那轻轻的一步。其实每一个人的心都是自由的，如果你感叹心太累，那么一定是你自己锁住了自己。“世上本无事，庸人自扰之”，何必做一个自筑牢狱的庸人呢？跳出来吧，快乐正在等着你。

三伏天，禅院的草地枯黄了一大片。“快撒点草种子吧！好难看啊！”小和尚说。

师父挥挥手：“随时！”

中秋，师父买了一包草籽，叫小和尚去播种。

秋风起，草籽边撒、边飘。“不好了，好多种子都被吹飞了！”小和尚喊。

“没关系，吹走的多半是空的，撒下去也发不了芽。”师父说，“随性！”

撒完种子，跟着就飞来几只小鸟啄食。“要命了，种子都被鸟吃了！”小和尚急得跳脚。

“没关系，种子多，鸟吃不完！”师父说，“随遇！”

半夜一阵骤雨，小和尚早晨冲进禅房："师父，这下真完了，好多草籽被雨冲走了！"

"冲到哪儿，就在哪儿发芽！"师父说，"随缘！"

一个星期过去了。原本光秃的地面，居然长出许多青翠的草苗。一些原来没播种的角落，也泛出了绿意。

小和尚高兴得直拍手。

师父点头："随喜！"

"随时、随性、随遇、随缘、随喜"概括了人生多少自然，多少豁达！不妄求、不贪恋、不慌乱、不躁进，一切自然随意，人生还会有太多的东西可以让你寝食难安，愁眉不展吗？很多的东西都是人人想要的。为此，世事纷争、你恨我怨，但有几人可以如愿？为何不开释自己的心灵，无私无欲？让自己跳出心灵的圈子，卸下包袱，心境恬静一点？

不要幻想生活总是那么圆圆满满，也不要幻想在生活的四季中享受所有的春天，每个人的一生都注定要跋涉沟沟坎坎，品尝苦涩与无奈，经历挫折与失意。

洒脱一点，得失存乎于世，弃之于心，人生难免看尽落英缤纷，风华早谢。停留与驻足不应该是你人生失意时的选择，抬眼望天，太阳永远光彩夺目，月亮永远以暗夜作幕。生活不可求全责备，披着阳光的色彩前行，生活才会有光明照耀。细细想来，其实你完全可以很快乐。

有个烦恼少年，一天，他来到一个山脚下。只见一片绿草丛中，一位牧童骑在牛背上，吹着悠扬的横笛，逍遥自在。

烦恼少年看到了很奇怪，走上前去询问："你能教给我解脱烦恼之法吗?"

"解脱烦恼? 嘻嘻! 你学我吧，骑在牛背上，笛子一吹，什么烦恼也没有。"牧童说。

烦恼少年试了一下，没什么改变，他还是不快乐。

于是他又继续寻找。走啊走啊，不觉来到一条河边。岸上垂柳成荫，一位老翁坐在柳荫下，手持一根钓竿，正在垂钓。他神情怡然，自得其乐。

烦恼少年又走上前问老翁："请问老翁，您能赐我解脱烦恼的方法吗?"

老翁看了一眼忧郁的少年，慢声慢气地说："来吧，孩子，跟我一起钓鱼，保管你没有烦恼。"

烦恼少年试了试，不灵。

于是，他又继续寻找。不久，他路遇两位在路边石板上下棋的老人，他们怡然自得，烦恼少年又走上前去寻求解脱之法。

"喔，可怜的孩子，你继续向前走吧，前面有一座方寸山，山上有一个灵台洞，洞内有一位老人，他会教给你解脱之法的。"老人一边说，一边下着棋。

烦恼少年谢过下棋老者，继续向前走。

到了方寸山灵台洞，果然见一长髯老者独坐其中。

烦恼少年长揖一礼，向老人说明来意。

老人微笑着摸摸长髯，问道："这么说你是来寻求解脱的?"

"对对对! 恳请前辈不吝赐教，指点迷津。"烦恼少年说。

老人答道：“请回答我的提问。”

“有谁捆住你了吗？”老人问。

“……没有。”烦恼少年先是愣然，而后回答。

“既然没有人捆住你，又何谈解脱呢？”老人说完，摸着长髯，大笑而去。

烦恼少年愣了一下，想了想，有些明白了：是啊！又没有任何人捆住了我，我又何须寻找解脱之法呢？我这不是自寻烦恼，自己捆住自己吗？

少年正欲转身离去，忽然面前成了一片汪洋，一叶小舟在他面前荡漾。

少年急忙上了小船，可是船上只有双桨，没有渡工。

“谁来渡我？”少年茫然四顾，大声呼喊着。

“请君自渡！”老人在水面上一闪，飘然而去。

少年拿起木桨，轻轻一划，面前顿时变成了一片平原，一条大道近在眼前。少年踏上大路，欢笑而去。

跳出心灵牢狱的方法在你自己的手里，没有人可以左右你的思想，如果你依然用烦恼自扰，别人谁也不可能帮上你的忙。因为无人可以把他的意志强加在你的头上。境由心造，要想快乐，何不自己跳出来？

不要沉浸于过往久久不忘

人活于世，挫折、烦恼在所难免，若是不想让它影响你的心情，最好的方法就是将心放大，淡化它、忽视它、遗忘它。这样，你才能活得更加幸福。

上天赐给我们很多宝贵的礼物，其中之一即是“遗忘”。只是我们过度强调“记忆”的好处，却忽略了“遗忘”的功能与必要性。生活中，许多事需要你记忆，同样也有许多事需要你遗忘。

比如，你失恋了，总不能一直溺陷在忧郁与消沉的情绪里，必须尽快遗忘；股票失利，损失了不少金钱，心情苦闷提不起精神，你也只有尝试着遗忘；期待已久的职位升迁，人事令发布后竟然没有你，情绪之低可想而知。解决之道别无他法——只有勉强自己遗忘。

只有遗忘了那些不快，才会更好地前进。

然而，想要遗忘却不像想象中那么容易。遗忘是需要时间的，如果你连“想要遗忘”的意愿都没有，那么，时间也无能为力。

一般人往往很容易遗忘欢乐的时光，对于不快的经历却常常记起，这是对遗忘的一种抗拒。换言之，人们习惯于淡忘生命中美好的一切；但对于痛苦的记忆，却总是铭记在心。就如你吃过了糖会很快忘记甜，吃过了黄连却口有余苦。

的确，很多人无论是待人或处世，很少检讨自己的缺点，总是记得对方的不是以及自己的欲求。其实到头来，还是很少如愿——因为，每个人的心态正彼此相克。

反之，如果这个社会中的每个人都能够试图将对方的不是及自己的欲求尽量遗忘，多多检讨自己并改善自己，那么，彼此之间将会产生良性的互补作用，这也才是每个人希望达到的。有这样一个故事：

有一次，一位女士给了一个朋友三条缎带，希望他也能送给别人。这位朋友自己留了一条，送给他不苟言笑、事事挑剔的上司两条，因为他觉得由于上司的严厉使他多学到许多东西，同时他还希望他的上司能拿去送给另外一个影响他生命的人。

他的上司非常惊讶，因为所有的员工一向对他敬而远之。他知道自己的人缘很差，没想到还有人会感念他严苛的态度，把它当作是正面的影响而向他致谢，这使他的心顿时柔软起来。

这个上司一个下午都若有所思地坐在办公室里，而后他提早下班回家，把那条缎带给了他正值青春期的儿子。他们父子关系一向不好，平时他忙着公务，不太顾家，对儿子也只有责备，很少赞赏。那天他怀着一颗歉疚的心，把缎带给了儿子，同时为自己一向的态度道歉，他告诉儿子，其实他的存在带给他这个父亲无限的喜悦与骄傲，尽管他从未称赞他，也少有时间与他相处，但是他是十分爱他的，也以他为荣。

当他说完了这些话，儿子竟然号啕大哭。他对父亲说，他以为他父亲一点也不在乎他，他觉得人生一点价值都没有，他不喜欢自己，恨自己不能讨父亲的欢心，正准备以自杀来结束痛苦的一生，没想到他父亲的一番言语，打开了他的心结，也救了他一条性命。这位父亲吓得出了一身冷汗，自己差点失去了独生的儿子而不自知。从此这位上司改变了自己的态度，调整了生活的重心，也重建了亲子关系，加强了儿子对自己的信心。就这样，整个家庭因为一条小小的缎带而彻底改观。

送人以缎带，证明你已遗忘了相处中所受的那些委屈和责难，忆起别人给你的快乐和益处。而受你缎带者却更能被你感动，看到你的心灵之美，爱你，助你。学会遗忘，拾起那根缎带送给让你受伤的那个人，他将回报你一片灿烂的阳光。

别再“睁着眼睛睡觉”

一个人生活在这个世界上就要面对压力，在某种程度上有压力很有必要，有了压力才能有动力。不过压力太大也会对你的心态产生不良影响，因此你也要随时注意自我减压。

现代人从小到大都得承受巨大的压力。小的时候得承受学业的压力，长大了得承受就业的压力、工作的压力、家庭的压力……这些压力一同加在一个人身上，迫使你就像卓别林在电影中拧机器上的螺丝一样，一刻不停，甚至连眨一下眼睛都是一种奢望。在这样的生存状态下，许多人的愿望可怜到“只想睡一个好觉”。

有一个在外企工作的人，自称是“睁着眼睛睡觉的人”。他说：“别看我每天上下班车来车去的，吃喝用的都上档次、够水平，可谁又知道，我每天晚上担心得只敢闭着一只眼睛睡觉呢。我在一家美资企业做印刷机销售。年初，洋老板给我们每人定的销售额是3000万人民币（幸好不是美元）。能完成的，年终奖励30万元人民币（美元多好）；完不成的，只发11个半月的生活费。开完会出来，我们好几个人的内衣都汗湿了。”

这位老弟的工作压力可谓大矣！一个季度的时间眼看就要结

束了，这位老弟却“战果”不佳，他忧心忡忡地说：“不提工作还好，一提工作，让人晕得更快。大学同窗有的开公司，有的出国，眼看一个个富得冒油，而我……工作啊工作！我尽我的一切力量，但你可一定要让我年终闭着双眼睡个踏实觉呀！”看了他的自白，不禁让人心寒。长期这样“睁着眼睛睡觉”，他能顶得住这沉重的压力吗？他实在是应该减减压了。

渴望生活得富足，是人正常的欲望，但不要使这欲望无限地加大。一位美国作家说：“在欲望上加一个屋顶。”他指出：“欲望的屋顶是自我的提醒，一种与自我设定的轻松、非正式、弹性十足的约定，”“能说出‘多未必是好’或‘多并不会带给我快乐’‘我已经够了’这类的话，是需要一点智慧的。”这位美国人说，实行这个策略，你会有一个美妙的人生，你的生活会很单纯，而且很好处理，你的压力自然减轻了。

那位压力太大的外企员工，应该考虑重新调整一下自己的工作和生活节奏，如果实在完不成定额，就拿那11个半月的生活费好了，实在不行，换个轻松一点的工作又有何不妥！不要因此而承受沉重的心理压力——人总不能为了那30万元人民币而永远“睁着眼睛睡觉”。

那么要减压就该先让自己的心态放平一些。不要一心总瞄着那些富有的同窗。每个人的能力、机遇不同，事业的大小自然也不同。不要自己给自己加压，非要做个“超人”“百万富翁”不可。有一句话说得好：“如果你想真正地垂头丧气，就把自己的目标制定得高不可攀吧！”另外，为自己量身定做一份属于自己的生活进程表，有劳有逸，健康地生活。还要有一个积极乐观的工作态度。面对压力，不要还没干事，就心理压力过大。你只需尽力去做，做成什么成绩，就是什么成绩，但求问心无愧，不必太苛求自己。

最后就是适当的休息和放松，在你感到疲倦之前就休息。短短的一点休息时间，就能有很强的修补能力，即使只打五分钟的瞌睡，也有助于防止疲劳。美国棒球名将康黎·马克说，每次出赛之前如果他不睡一个午觉的话，到第五局就会觉得筋疲力尽了。爱迪生认为他无穷的精力和耐力，都来自他能随时想睡就睡的习惯。80 岁的亨利·福特健康的秘诀是："能坐下的时候我决不站着，能躺下的时候我决不坐着。"美国陆军抵抗疲劳的办法是：常常休息，照你心脏做事的办法去做。

放松你的情绪。养成放松的好习惯，任何时候你都能够放松，任何地方你也能够放松。你应该先放松你的肌肉，要使自己像孩子一样，完全没有紧张的感觉。随时放松自己，使你的身体"软得像一只旧袜子"。

还有几种良好的工作方法有助于消除疲劳，减轻压力。

第一种：清理你桌上所有的纸张，只留下和你正要处理的问题有关的物品。

第二种：按事情的重要程度来决定处理事情的先后顺序。

第三种：当你碰到问题时，如果必须作决定，就当场解决，不要迟疑不决。

第四种：学会如何组织、分层管理和监督。

只有学会减压，你才能更好地承受压力做出成绩，千万不要只知道给自己制定高要求、高目标，太大的压力只会压垮你。

进门前请脱去烦恼

唯有有了一个充满欢乐的家庭，一个稳定的大后方，我们才能全力以赴去创造生活，才能干出一番事业来。我们应该意识到，人生真正的幸福是有个幸福的家庭，所以无论在外面遇到多少不如意之事，再怎么劳累，在进家门之前，请为自己换上一副笑容。

在某栋楼的一个楼层电梯口，电梯门开的时候，你会赫然看见一家门上挂了块木牌，上头写着两行字："进门前，请脱去烦恼；回家时，带快乐回来。"

长久凝视，细细玩味，你不禁对这家主人萌生无限感佩。短短的两句话，蕴含的却是深奥的家庭哲理。

进屋后，果见男女主人一团和气，两个孩子大方有礼，一种看不见却感觉得到的温馨、和谐，满满地充盈着整个屋内。自然问及那方木牌，女主人笑着望向男主人："你说？"

男主人则温柔地瞅着女主人："还是你说，这是你的创意。"

女主人甜蜜地笑道："应该说是我们共同的理念才对。"经过一番推让，女主人轻缓地说："其实也没什么大学问，一开始只是提醒我自己，身为女主人，有责任把这个家经营得更好……而真正的起因，是有一回在电梯镜子里看到一张疲惫、灰暗的脸，一双紧拧的眉毛，下垂的嘴角，烦愁的眼睛……把我自己吓了一大跳，于是我想，当孩子、丈夫面对这样一张面孔时，会有什么感觉？假如我面对的也是这样的面孔，又会有什么反应？接着我想到孩子在餐桌上的沉默、丈夫的冷淡，这些原先认定是他们不对的事实背后，是不是隐藏了另一种我不了解的原因，那真正的原因，竟是我！当时我吓出一身冷汗，为自己的疏忽而后悔，当晚我便和丈夫长谈，第二天就写了一方木牌钉在门上，结果，被提醒的不只是我而是一家人……”

家是心灵的港湾，是享受自己生活的空间，是一个亲情与爱的空间，每个家庭成员的一举一动或一句话、一个表情都直接影响家庭每个成员的心情。如果把家比作是一个存储器，你把欢乐“存”进去，拥有的就是快乐，你如若把烦恼“存”进去，拥有的也就只有烦恼。不要把工作中的压力和在外面的烦恼带回家，让家中只有快乐。

笑给自己听

你是否对自己太过苛刻，习惯用错误惩罚自己？其实，人生本来烦恼已多，为了保持心的平衡，我们必须给自己一点宽容。所以，请给自己一个理由，让紧绷的神经轻松一下，让疲惫的身心休息一番，让许久不见的笑容再次绽放在你的脸上……笑有很多种，有冷笑、有苦笑、有强颜欢笑、有哈哈大笑、有仰天长笑……但没有一种比它更迷人，那就是——笑给自己听！

花一点时间，想想你今天所做的事，尽量记下做的一些不好的事，如，我不敢相信又把钥匙给丢了、错过电影开始的5分钟、买了一件不需要的东西、忘了买三明治的配料、忘了给朋友打电话、忘了带东西给爱人等。这个时候，你会笑自己吗？

换一个角度，想想看你记不记得这一天当中做了哪些好事。如果你像大多数人一样，就算想起来一两件好事，也没有想到的不如意的事情多，你对自己就过于苛责了，不知不觉中又多了一种负面情绪。

你或许会想："哦，每个人都一样嘛！这是人之常情，没什么大不了的。"没错，不幸的是大多数人都是如此，总是将焦点集中在自己犯的错误上。但这并不能改变什么，而且他们忽略了将错误搁在心里的害处有多大，那样不但会觉得有压力、紧张，还会导致自我防卫过严而冷酷无情。

我们有太多的事要去做，也有太多的错误需要弥补。为了保持平衡，必须给自己一点宽容，接受现实中不完美的一面。如果追求事事皆完美而事实上根本做不到，就会沮丧，会觉得生活无聊透顶，身边的人也会对你敬而远之。

将焦点集中在自己的过错上，很容易深陷小事的烦恼中，认为自己真是一无是处，世界也毫不可爱：我生来只会做错事。负面的思考带来负面的能量，进而产生负面的行为。你会停留在问题、愤怒与不安全的状态中，以后做事会更紧张，也会更吹毛求疵、更自责，也许会更难尽如人意。人有缺点并不可怕，可怕的是因缺点而自卑，因自卑而虐待自己。

当你想到自己做得对的事时，你会将焦点集中在自己好的那一面，你会觉得自己有能力而且潜力无穷，你会多给自己一点机会，容许自己做错事时有改进的空间。

想到自己做得对的事，能让你变成一个更有耐心的人，对你自己或别人都更有耐心，你会想看到人生的积极面，你会知道自己或别人都在尽力而为。总之，接受生活中的不完美，会不再那么紧张、压力过重，好像有人一直跟在身后计分一样。专家的建议是：你在各方面都尽力而为后，就要放手。因为无论你有多努力，都难免会犯一些错误。下次做得不够好的时候，不要严肃地责怪自己：看，你又犯了这毛病，怎么搞得，怎么这么笨，老是学不会，难怪别人不喜欢你！要把责怪转换成笑自己：看你，又以自我为中心了！虽然是很努力了，但下次要更小心点，哈哈！

这样是不是会过得快乐一些！

当然，自我快乐的心态不是与生俱来的，是靠后天自觉自愿的磨砺和修炼得到的。这不仅靠个人努力，也靠生活在自己的圈子里的其他人潜移默化的影响。因为每个人都有自己的小圈子，在这个范围内是自己熟悉的事物和人，是自己所谓的“安全区域”。不知不觉中，像一只背着壳的蜗牛，动不动就把脑袋缩回去。

有的人有一种习惯：每天翻阅相同的几份报纸杂志，他们从来不尝试接受任何不同的观点。在一次科学研究中，科研人员对这种人进行了这样的心理测试：他们请一个政治立场众所周知的人阅读一份报纸的社论。社论的开头的观点与他的观点一致。读到一半的时候，观点突然来了一个180度的急转弯。通过暗藏的摄像机，科研人员发现这位读者的眼睛突然转向该报纸版面的另一部分。这个思想僵化的读者甚至不愿意了解一个不同的观点，因此，他不可能有笑给自己听的幸运，反而可能让别人笑自己。

生活中也一样，只是接受一种风味的菜肴，便永远也体会不到其他菜肴的美妙之处。有的人想都不想就一口咬定“我这个人口重，喜欢吃味浓的食物”，于是他们在清淡的食品端上来的时候，从来都不会考虑夹一点，尝尝看。他们的心目中就坚信一种观念：只有味道重的东西才好吃，味道清淡的东西不用尝，肯定不好吃。这只能算作是过去经验的一种惯性，而成为真理的可能性太小了。记得一个电视剧中的男主人公说不喜欢吃菠萝，其实只是因为这种水果外表很难看。但是当他有一天吃了处理好的菠萝以后却大声称赞：“这是什么水果，给我再来一块！”菠萝味道没有变，只不过他以前不愿尝，吃了后，才知道原来它跟想象中的不一样。

人一旦暗示自己喜欢某种东西，便会努力说服自己放弃其他的东西。可是我们根本就没有去尝一尝，又怎么知道不好呢？所以一个不会变换口味的人不会成为美食大师；一个墨守成规的人永远也不会成为一个好的创造者。

人最好不要总把自己局限在一个固定的圈子里，尤其是对周围的环境和人感到不如意的时候。因为那时候你不可能笑。所以，聪明人都会让自己在思维观念和交际、工作中，保持一颗有弹性的心灵，随时关注、接纳新鲜的血液和力量，由此会发现，笑给自己听绝不是一件难事。

二、别再苛求，缺憾未尝不是福

事事追求完美是一件痛苦的事，它一如毒害我们心灵的药饵。因为这个世界本来就不是完美的，过去不是、现在不是、将来也不是，它本来就是以缺陷的形式呈现给我们的。人如果事事追求完美，那无疑是自讨苦吃。如果说完美是毒，那么缺陷就是福。如果事事可以不追求完美，那日子肯定就会过得快乐一些。

谁能避免缺陷

缺憾也是我们人生的一部分，为了一点点缺憾而否定自己，实在是一件很傻的事。只有不为缺憾耿耿于怀，我们才能好好享受生活。

世界上没有十全十美的人，这一点很多人都懂，但他们却还是整天为自己的缺憾烦恼，其实如果把人看成一张大白纸的话，那么你的缺憾就是纸上的一个小黑点，为什么你只盯着黑点，却没有注意到黑点外的白纸呢？

很久以前，有一位先生娶了一个婀娜多姿、娇美柔媚的太太。两人情如金石，恩恩爱爱，是人人称美的神仙美眷。这位太太身材高挑、眉眼俊秀，又十分温柔贤淑，美中不足的是长了个酒糟鼻子，好像失职的艺术家，对于一件原本足以称傲于世间的艺术精品，少雕刻了几刀，显得非常的突兀怪异。

这位先生总为太太的鼻子觉得遗憾，便一心想着弥补这个缺憾。他是一个商人，整日在外奔波，一日他行经贩卖奴隶的市场，只听宽阔的广场上空叫卖声此起彼伏，四周人群摩肩接踵。他们竞相吆喝出价，疯抢奴隶。这位先生走到广场一侧，发现了一个身材单薄、瘦小清瘦的女子，正以一双水汪汪的泪眼，怯生生地环顾着这群如狼似虎，决定她一生命运的大男人。这位丈夫仔细端详着女孩子的容貌，突然间，他的双眼一亮，太好了，这女子脸上长着一个端端正正的鼻子！不计一切买下她！

这位丈夫以高价买下了长着端正鼻子的女孩子，兴高采烈地带着女孩子日夜兼程赶回家里，想给心爱的妻子一个惊喜。到了家中，把女孩子安顿好之后，他用刀子割下了女孩子漂亮的鼻子，然后，拿着血淋淋而温热的鼻子，大声疾呼：

“太太，快出来哟，看我给你买回来了最宝贵的礼物！”

“什么样贵重的礼物，让你如此大呼小叫的？”太太狐疑不解地应声走出来。“喏，你看！我为你买了个端正美丽的鼻子，你戴上看看。”

说话间，丈夫抽出怀中锋利的匕首，“噌”地一下将太太的酒糟鼻子砍了下来。霎时太太的鼻梁血流如注，酒糟鼻子掉落在地上，丈夫赶忙用双手把端正的鼻子嵌贴在伤口处，但是无论丈夫如何努力，那个漂亮的鼻子始终无法粘上妻子的鼻梁。

可怜的妻子，既得不到丈夫苦心买回来的端正而美丽的鼻子，又失掉了自己那虽然丑陋，但是却货真价实的酒糟鼻子，并且还受到无辜的刀刃创痛。而那位糊涂丈夫的愚昧无知，令人可恨又可悲。

有些事，可以通过努力改变，有些事，无论如何努力都难以改变。对于我们不能改变的，不管喜欢与否，我们只能接受它们，不要抗拒。世界就是这样，事情就是这样，他人就是这样，我们应当把这些当成事实来接受。对此，我们可以心怀疑虑或好奇，可以保有提问的权利，但不要试图去改变什么。

人生确实有许多不完美之处，每个人都会有这样或那样的缺憾。其实，没有缺憾我们无法去衡量完美。仔细想想，缺憾其实不也是一种完美吗？

当我们缺少一些东西时，往往会有更完整的感觉。一个拥有一切的人，在某种意义上讲是一个穷人，他永远不知道求助、希望和梦想的感觉，永远没有自己最想要的东西被爱他的人给予的经历。

生活不是上帝为了原谅我们而故意设下的陷阱，生活也不像拼写游戏，不管你对了多少，错了一个就不合格。生活更像棒球赛，即使最好的球队也会输掉 1/3 的比赛，最差的队也有它辉煌的一天。我们的目的就是赢多负少。

放弃对完美的苛求

生活中有很多完美主义者，他们希望自己所拥有的一切都是完美无缺的，但是世界上哪有十全十美的事情，于是他们只能在不完美里哀叹，成为了不快乐的人。

追求完美几乎是现代人的通病，有些人自以为尽善尽美，殊不知自己正是最可怜的人，因为他们是在追求不完美中的完美，而这种完美，根本不存在。

要求完美是件好事，但如果过头了，反而比不要求完美更糟。世界上有太多的完美主义者了，他们似乎不把事情做到完美就不善罢甘休似的。而这种人到了最后，大多会变成灰心失望的人。因为人所做的事，本来就不可能有完美的。所以说，完美主义者根本一开始就在做一个不可能实现的美梦。

他们因为自己的梦想老是不能实现而产生挫折感，就这样形成一个恶性循环，最后使这个完美主义者意志消沉，变成一个消极的人。

如果你花了许多心血，结果还是毫无所获的话，不妨把这件事暂时丢下不管。如此一来，你就有时间来重整你的思绪，接下来就知道下一步该怎么走了。“既然开始了就要把事情做好”这种想法固然没错，可是如果过于拘泥，那么不管你做些什么都将不会顺利的。因为太过于追求完美，反而会使事情的进行发生困难。

武田信玄是日本战国时期最懂得作战的人，连织田信长也相当怕他，所以在信玄有生之年当中，他们几乎不曾交过战。而信玄对于胜败的看法实在相当有趣，他的看法是：“作战的胜利，胜之五分是为上，胜之七分是为中，胜之十分是为下。”这和完美主义者的想法是完全相反的。他的家臣问他为什么，他说：“胜之五分可以激励自己再接再厉，胜之七分将会懈怠，而胜之十分就会生出骄气。”连信玄终身的死敌上杉彬也赞同他这个说法。据说上杉彬曾说过这样一句话："我之所以不及信玄，就在这一点之上。"

实际上，信玄一直贯彻着胜敌六七分的方针。所以他从16岁开始，打了38年的仗，从来就没有打败过一次。而自己所攻下的领地与城池，也从未被夺回去过。将信玄的这个想法奉为圭臬的是德川家康。如果没有信玄这个非完美主义者的话，德川家族300年的历史也不一定存在。要记得，不能忍受不完美的心理，只会给你的人生带来痛苦而已。

有些人很勉强自己，不愿做弱者，只愿逞强，努力做许多别人期待自己却不愿做的事，这种人，才是真正的弱者。别人一对你抱期望，你就怕辜负了人，硬是勉强也要实现承诺，到头来才发现，原来是自己太软弱。

从根本上必须承认的，是自己的心。只有承认软弱，才可能坚强；只有面对人生的不完美，才能创造完美的人生。

荣获奥斯卡最佳纪录片的《跛脚王》，便是叙述脑性麻痹患者丹恩的奋斗故事。丹恩主修艺术，因为无法取得雕刻必修学分，差点不能毕业。在他求学时，有两位教授当着他的面告诉他，他一辈子都当不了艺术家。

即便如此，他仍不怨天尤人，努力地与环境共存，乐观地面对人生。他终于大学毕业，而且还是家族里的第一张大学文凭。

丹恩说，许多人认为残障代表无用，但对他而言，残障代表的是：奋斗的灵魂。

过于追求完美，你就会陷入无尽的烦恼中；而放弃对完美的苛求，你却可以过上一种富有意义的生活，怎样做对你更好呢？聪明的你一定会做出正确的抉择。

世界正是因为缺陷而美丽的

人生路上有很多东西值得我们去欣赏，有时“残缺”未尝不是一件好事。倘若一味苛求“完美”，不懂舍弃，人生是不是就少了很多靓丽的风景呢？

一个人对自己和他人要求过高，力求完美，在这里就称这种性格为完美主义。完美主义的性格首先表现为固执、刻板、不灵活，给自己或他人设定一个很高的标准，非要达到不可，受到挫折就感到很痛苦，不能接受。

很多家长望子成龙的心情致使他们督促孩子利用所有时间学习，不要贪玩，结果孩子们很反感，产生逆反心理，厌学逃学，总也玩不够。所以，完美主义的人应该把目标和方法订得灵活一些，要有一种“退一步海阔天空”的心理准备，这条路不行可以走那条，不要在一棵树上吊死，钻牛角尖。

完美主义的人往往不愿意接受自己或他人的弱点和不足，非常挑剔。有的人没有什么好朋友，总也找不着对象，和谁也合不来，经常换单位，那是因为他谁也看不上，甚至会因为别人的一些小毛病，而忽略了别人的主要优点；有的人不允许自己在公共场合讲话时紧张，更不能容忍自己紧张时不自然的表情，一到发言时就拼命克制自己的紧张，结果越发紧张，形成恶性循环；有的人不允许自己身体有丝毫不舒服，经常怀疑自己得了重病，经常去医院检查。其实，每个人都有缺点和不足，都会有紧张、不适的体验，这是正常的表现，必须学会接受它们，顺其自然。如果非要和自然规律抗拒，必然会愈抗愈烈。

完美主义的人表面上很自负，内心深处却很自卑。他看不到优点，只盯着缺点，总是不知足，很少肯定自己，自己就很少有机会获得信心，当然会自卑了。不知足就不快乐，痛苦就常常跟随着他，周围的人也一样不快乐。学会欣赏别人和欣赏自己是很重要的，是使人更进一步实现下一个目标的基石。

完美主义的人容易只顾细节而忘记了主要目标，通常让别人觉得他捡了芝麻丢了西瓜。工作常常因此而没有效率。许多时候你要让自己“豁出去”。

完美主义性格的形成和早期教育有很大关系，但成年后还是可以有意识地进行调整。只有充分认识到生活中没有十全十美，才能看到生活中美好的东西。

有个圆被人切去了一块，而变得残缺不全。它很苦恼，它想恢复自己的完整，于是便日复一日地寻找自己遗失的碎片。因为残缺，圆无法像以前一样快速滚动，但如此一来，它却沿途欣赏了很多风景——山花是那样烂漫，流水是那样清澈……

圆一路找到很多碎片，但都不是自己的，装在身上显然不合适，所以它只能继续寻找。终于有一天，圆找到了属于自己的碎片，它很兴奋，因为自己又可以像以前一样飞速滚动了。然而滚着滚着，圆发现，路途中似乎缺少了什么。于是圆停下来努力回忆，终于，它恍然大悟——由于自己的完整、自己的高速，已然无暇再欣赏路边的风景了。思索片刻，圆毅然将好不容易找到的碎片丢在路旁，继续慢慢地向前滚动……

似乎，这世界上的每一个人都在潜意识中竭力追求着完美，但遗憾的是，我们迎来的却是一个又一个的不完美，一个又一个的遗憾。将完美当作理想的寄托点，这自然无可非议，但若过分执着于完美，就一定会让自己彻底迷失，因为理想中的完美绝对是虚无缥缈的，任何一种真实的事物都有它不可避免的缺陷。

昙花纵然美丽，但也只能刹那绽放；牡丹虽然雍容华贵，但未免有几分华而不实；维纳斯之美令世人赞叹，但却少了一双臂膀。这尘世之物，完美与缺陷一直同生共存，相互衬托。

或许有人认为，世界的不完美多少令人感到有些遗憾，但事实上，世界正是因缺陷而美丽的！盘古未生之时，天地间混沌一片，看似浑然一体，实则毫无生趣，正是盘古那开天辟地的一斧，辟出了缺陷，辟出了世人赖以生存的大千世界，谁又能说这一斧劈得不好呢？同样，昙花之美，就美在它的短暂，一如流星，稍纵即逝，留给人的便是无限的回味与美丽的记忆，这缺陷美得令人喟叹！

残缺是福

在人世间，人是注定要与缺陷相伴，而与完美相去甚远的。所以不完美是人生的常态，承认自己的不完美是一种豁达、成熟，更是一种智慧！

人无完人，每个人都会有一些缺陷：外貌上的，性格上的，经历上的……当一个人懂得承认自己的不完美时，他也就真正地成熟起来了。

薛女士已经35岁了，两年前丈夫不幸病故，家里人都执意让她再找一个意中人，热心的朋友也劝她早日结束独身生活。薛女士虽然也见过几个对象，但都没有成功。原因是薛女士和别人见面后，总是先把自己的缺陷和盘托出，暴露无遗，令一些人“望而却步”。她的朋友数落她时，她却振振有词：“年轻时搞对象都没有装模作样过，老了更不用掩饰，我就是这么样一个有瑕疵的女人，先让对方看清楚点不好吗?”后来薛女士还真找到了一位心心相印的意中人，据说对方就是看中了薛女士毫不掩饰、勇于承认缺陷的优点，认为这人难得地实在。由于薛女士事前把自己

的缺陷毫无保留地告知对方，对方“扬长避短”，两人配合默契，生活得很美满。朋友们都说，实在人有实在命，薛女士这是用袒露缺陷换来的幸福。

人有缺陷并不可怕，可怕的是刻意掩饰，自欺欺人。薛女士不是这样，在对方面前大胆袒露自己的缺陷，出自内心的真诚和对别人的信任。她的真诚理所当然也换来了对方的信赖与爱慕。把自己的缺陷袒露人前，也就同时把自己的真诚毫无保留地献给了对方。在日常生活中往往有这样的情况，越是刻意掩饰自己的缺陷，自己活得越累，有时甚至还显得很尴尬。这是因为缺陷是客观存在的，掩饰往往会弄巧成拙。薛女士真诚袒露缺陷的结果，使对方理解她的缺陷，容纳她的缺陷，还有意识地弥补她的缺陷，这正是他们后来生活幸福和谐的基础。

缺陷或大或小，或多或少，人人都有。然而，面对缺陷，大多数人是去掩饰。掩饰缺陷也许是人的天性，毕竟能在大庭广众之下袒露自己缺陷的人实属不多。因此，袒露缺陷确实需要勇气，要战胜自己的懦弱，战胜自己的虚荣，还要战胜世俗的偏见。所有这些，没有超人的勇气是万万做不到的。

中国台湾著名画家刘墉在教国画的时候，经常发现有些学生极力掩饰自己作品上的缺点，有时画得差，干脆就不拿出来了。遇到这种情况，刘墉会对他们说：“初学画总免不了缺点，否则你们也就不必学了！这就好比去找医生看病，是因为身体有不适的地方，看医生时每个病人总是尽量把自己的症状说出来，以便医生诊断。学画交作业给老师，则是希望老师发现错误，加以指正，你们又何必掩饰自己的缺点呢？”

有一个男人，单身了半辈子，突然在43岁那年结了婚。新娘跟他的年纪差不多，但是她以前是个歌星，曾经结过两次婚，都离了，现在也不红了。在朋友看来，觉得他挺亏的，这不是一个好的选择，因为新娘身上的瑕疵太多了。

有一天，他跟朋友出去，一边开车、一边笑道：“我这个人，年轻的时候就盼望着能开宝马车，可是没钱，买不起。现在呀，买不起，买辆三手车。”

他的确开的是辆老宝马车，朋友左右看看说：“三手？看来很好哇！马力也足！”

“是呀！”他大笑了起来，“旧车有什么不好？就好像我太太，前面嫁个广州人，后又嫁个上海人，还在演艺圈20年，大大小小的场面见多了。现在老了、收了心，没有以前的娇气、浮华气了，却做得一手好菜，又懂得料理家务。说老实话，现在真是她最完美的时候，反而被我遇上了，我真是幸运呀！”

“你说得挺有道理的！”朋友陷入沉思。

他拍着方向盘，继续说：“其实想想我自己，我又完美吗？我还不是千疮百孔，有过许多荒唐事，正因为我们都走过了这些，所以两人都变得成熟、都懂得忍让、都彼此珍惜，这种不完美，正是一种完美啊！”

正因为这位男士能够承认自己的不完美，他才不苛求爱人的完美，结果两个有瑕疵的人才能凑到一起，组成一个幸福的家庭。从某种意义上看，人就是生活在对与错、善与恶、完美与缺陷的现实中，我们既然能从自己非常优秀与完美的现实中受益，为什么就不能从自己的缺陷中受益呢？

我们应该明白有缺陷并不是一件坏事，那些自认为自身条件已经足够好以至于无可挑剔、不必改变现状的人往往缺乏进取心，缺少超越自我追求成功的意志。相反，承认自己的缺陷，正确认识自己的长处与短处，却可以使我们处在一种清醒的状态，遇事也容易做出最理智的判断。

爱情不能纯粹理想化

寻找完美的爱情时，你会在无意间丢掉你本该得到的幸福。还是注意一下身边的平淡，抓住现在就能得到的幸福吧。

很久以前，一位方丈想从两个徒弟中选一个做衣钵传人。

一天，方丈对徒弟说："你们出去给我拣一片最完美的树叶。"两个徒弟遵命而去。

时间不久，大徒弟回来了，递给方丈一片并不漂亮的树叶，对师父说："这片树叶虽然并不完美，但它是我看到的最完整的树叶。"

二徒弟在外转了半天，最终空手而归，他对师父说：“我见到了很多很多的树叶，但怎么也挑不出一片最完美的……”

最后，方丈把衣钵传给了大徒弟。

现实生活中女人寻找的是“白马王子”，男人寻找的则是才貌双全的“人间尤物”，他们寄予爱情与婚姻太多的浪漫，这种过于理想化的憧憬，使许多人成了爱情与浪漫的俘虏。

其实，十全十美的人在现实生活中根本不存在，有些人，特别是女性，往往容易一味沉醉于浪漫所带给她们的短暂刺激之中。其实爱情可以让人创造奇迹，也可以令人陷入盲目，要知道美满的爱情不是那些日思夜想的白日梦，而且即使再美丽的梦想也不过是一个梦而已。脱离实际的幻想，超乎现实的理想化，往往使爱情失去真正的色彩。

燕子、明明、小雪是好得不能再好的闺中密友，三人中燕子长得最美，小雪最有才华，只有明明各方面都平平。三个人虽说平时好得恨不能一个鼻孔出气，但是在择偶标准上，三个人却产生了极大的分歧。燕子觉得人生就应该追求美满，爱情就应该讲究浪漫，如果找不到一个能让自己觉得非常完美的爱人，那么情愿独身下去。而小雪则觉得婚姻是一辈子的大事，必须找一个能与自己志趣相投的男人才行，只有明明没有什么标准，她是个淳朴又实际的人——对婚姻不抱不切实际的幻想，对男人不抱过高的要求，对人生不抱过于完美的奢望，她觉得两个人只要“对眼”，别的都不重要。

后来，明明遇到了陈军，陈军的长相、才情都很一般，属于那种扎在人堆里就会被淹没的男人，但他们俩都是第一眼就看上了对方，而且彼此都是初恋的对象，于是两个人一路恋爱下去。对此燕子和小雪都予以强烈的反对，她们觉得像明明这样各方面都难以“出彩”的人，婚姻是她让自己人生辉煌的唯一机会，她不应该草率地对待这个机会。但是明明觉得没有人能够知道，漫长的岁月里，自己将会遇见谁，亦不知道谁终将是自己的最爱，只要感觉自己是在爱了，那么就不要放弃。于是明明25岁时与陈军结了婚，26岁时做了妈妈。虽说她每天都过得很舒服、很幸福，但她还是成为了女友们同情的对象，燕子摇头叹息：“花样年华白掷了，可惜呀！”小雪撇着嘴说：“为什么不找个更好的？”

当年的少女被时光消耗成了三个半老徐娘，燕子众里寻他千百度，无奈那人始终不在灯火阑珊处，只好让闭月羞花之貌空憔悴；而小雪虽然如愿以偿，嫁给了与自己志趣一致的男士，但无奈两个人虽然同在一个屋檐下，却如同两只刺猬般不停地用自己身上的刺去扎对方，遍体鳞伤后，不得不离婚，一旦离婚后，除了食物之外她找不到别的安慰，生生将自己昔日的窈窕，变成了今日的肥硕，昔日才女变成了今日的怨女；只有明明事业顺利，家庭和睦，到现在竟美丽晚成，时不时地引来路人欣赏的目光。

燕子认为完美的爱人、浪漫的爱情，能使婚姻充满激情、幸福、甜蜜，其实不然，完美的爱人根本就是水中月镜中花，你找一辈子都找不到，况且即使你找到了自己认为是最美满、最浪漫的爱情之后，一遇到现实的婚姻生活，浪漫的爱情立刻就会溃不成军，因为你喜欢的那个浪漫的人，进了围城之后就再也无法继续浪漫了，这样你会失望，失望到你以为他在欺骗你；而如果那个浪漫的人在围城里继续浪漫下去，那你就得把生活里所有不浪漫的事都担待下来，那样，你会愤怒，你以为是他把你的生活全盘颠覆了。

小雪自视清高，把精神共鸣和情趣一致作为唯一的择偶条件，她期望组成一个精神生活充实、有较强支撑感的家庭，她希望夫妻之间不仅有共同的理想追求和生活情趣，而且有共同的思想和语言。可是事实证明她错了，她的错误并不在于对对方的学识和情趣提出较高的要求，而在于这种要求有时比较褊狭和单一。实际上，伴侣之间的情趣，并不一定限于相同层次或领域的交流，它的覆盖面是很广泛的，知识、感情、风度、性格、谈吐等都可以产生情趣，其中，情感和理解是两个重要部分。情感是理解的基础，而只有加深理解才能深化彼此间的情感，双方只要具备高度的悟性，生活情趣便会自然而生。

明明的爱也许有些傻气，但恰恰是这种随遇而安的爱使她得到了他人难以企及的幸福。爱情中感觉的确很重要，感觉找对了，就不要考虑太多，不然，会错过好姻缘的。将来的一切其实都是不确定的，不确定的才是富有挑战的，等到确定了，人生可能也就缺少了不确定的精彩了。明明很庆幸自己及时把握住了自己的感觉，青春的爱情无法承受一丝一毫的算计和心术，上天让明明和陈军相遇得很早，但幸福却并没有给他们太少。

那些像明明一样顺利地建立起家庭的青年，都有一个共同的心理特征：他们敢于决断，不过分挑剔。爱情中的理想化色彩是十分宝贵的，但是理想近乎苛求，标准变成了模式，便容易脱离生活实际，显得虚无缥缈。不要死守着一份完美的期待，你自己都不完美，如何去要求其他？过于苛求，只能导致一无所有。

请接纳自己的不完美

欣赏自己的不完美，因为它是你独一无二的特征。欣赏自己的不完美，因为有了它才使你不至于平庸。不完美使你区别于人，世界也因你的不完美而多了一点色彩。

人生确实有许多不完美之处，每个人都会有这样或那样的缺憾。其实，没有缺憾我们就无法去衡量完美。那么，我们为什么不去欣赏自己的不完美呢？

一位人力三轮车师傅，50多岁，相貌堂堂，如果去当演员，应该属偶像派。当别人问他为什么愿做这样的“活儿”，他笑着从车上跳下，并夸张地走了几步给人家看，哦，原来是跛足，左腿长，右腿短，天生的。

问者很尴尬，可他却很坦然，仍是笑着说，为了能不走路，拉车便是最好的伪装，这也算是“英雄有用武之地”。他还骄傲地告诉别人：“我太太很漂亮，儿子也帅！”

有这样一位女子，她喜欢自助旅行，一路上拍了许多照片，并结集出版。她常自嘲地说：“因为我长得丑，所以很有安全感，如果换成是美女一个人自助旅行，那就很危险了。我得感谢我的丑！”

英国有位作家兼广播主持人叫汤姆·撒克，事业、爱情皆得意，但他只有1.3米，他不自卑，别人只会学“走”，他学会了“跳”，所以，他成功了。他有句豪言：“我能够得到任何想要的东西。”

其实，在人世间，很多人注定与“缺陷”相伴而与“完美”相去甚远的。渴求完美的习性使许多人做事比较小心谨慎，生怕出错，因此，必然导致其保守、胆小等性格特征的形成。在现实生活中我们不难发现，有的人长得一表人才，举止得体，说话有分寸，但你和他在一起就是觉得没意思，连聊天都没丝毫兴致。这些人往往是从小接受了不出“格”的规范训练，身上所有不整齐的“枝杈”都给修剪掉了，于是便失去了个性独具的风采和神韵，变得干巴、枯燥，没有生机，没有活力。客观地说，人性格上的确存在着“缺陷美”，即在实际生活中，那些性格有“缺陷”而绝对不属于十全十美的人反而显得更具有内在的魅力，也更具有吸引力。

不仅人自身是不完美的，我们生活的世界也是充满缺憾的。

比如，有一种风景，你总想看，它却在你即将聚焦的时候巧妙地隐退；有一种风景，你已经厌倦，它却如影随形地跟着你；世界很大，你想见的人却杳如黄鹤；世界很小，你不想看见的人却频频进入你的视线；有一种情，你爱得真、爱得纯，爱得你忘了自己，而他（她）却视如垃圾，如果能够倒过来，多好，可以不让自己再忍受痛苦。世上有许多事，倒过来是圆满，顺理成章却变成了遗憾。然而，世上的许多事情正是在顺理成章地进行着，我们没办法将它倒过来。

缺陷和不足是人人都有的，但是作为独立的个体，你要相信，你有许多与众不同的甚至优于别人的地方，你要用自己特有的形象装点这个丰富多彩的世界。也许你在某些方面的确逊于他人，但是你同样拥有别人所无法企及的专长，有些事情也许只有你能做而别人却做不了！

学会欣赏自己的不完美，并将它转化成动力，才是最重要的。

中国古代哲学家杨子曾对他的学生们说：有一次，我去宋国，途中住进一家旅店里，发现人们对一位丑陋的姑娘十分敬重，而对一位漂亮的姑娘却十分轻视。你们知道这是为什么吗？学生们听了之后说什么的都有。杨子告诉他们，经过打听才知道，那位丑陋的姑娘认为自己相貌差而努力干活而且品格高尚，因此得到人们的敬重；那位漂亮的姑娘则认为自己相貌美丽，因而懒惰成性且品行不端，所以受到人们的轻视。

其实，做人的道理也是这样，是否被人尊敬并不在于外貌的俊与丑。美绝不只是表面的，而有着更深层次的内涵。如果表面的美失去了应该具有的内涵，就会为人们所舍弃，那位漂亮姑娘就是最好的例证。勤能补拙，也能补丑，这是那位丑姑娘给我们的启示。

三、一身清闲，莫将名利挂心头

人生如赶路，凡尘只一行。功名利禄、荣华富贵，只不过都是过眼浮云。闲听世态百相，笑对生活冷暖，放眼观风景，不与人事争，心似莲花静静开，失去得到皆美好。

生命的价值在哪里

“功名富贵若长在，汉水亦应西北流”，权、钱之类自古便无常存之理。正所谓“三十年河东，三十年河西”，是非成败谁能预测？所以，别把这些看得太重，得之我幸，不得我命，莫再为此纠结，终日愁眉不展。

自然界的沧海桑田，万物的生老病死，循环不已。你看那果子似未动，实则时刻皆在腐朽之中。纵使是人类赖以生存的地球，再历亿万年之久，也终将毁灭。名利、地位、金钱，莫不如是。既如此，我们又何必为物欲所累，惶惶不可终日呢？须知，纵使金银砌满楼，死去何曾带一文？

相传很早以前有一位国王，名叫难陀。他非常贪心，拼命聚敛财宝，希望把财宝带到他的后世去。他心想：我要把全国的珍宝都收集起来，一点都不留。因为贪婪，他把自己的女儿也利用上了，吩咐奴仆说：“如果有人带着财宝来求娶我的女儿，就把这个人连他的财宝一起送到我这儿来！”他用各种办法聚敛财宝，全国几乎没有一个地方会留有宝物，所有的财宝都进了国王的仓库。

他的国家有一个寡妇，她只有一个儿子，心中很是疼爱。这儿子看见国王的女儿姿态优美，容貌俏丽，很是动心。可他家里穷，没法结交国王的女儿。不久，他生起病来，身体瘦弱，气息奄奄。他母亲问他："你害了什么病，病成这样？"

儿子把实情告知母亲："如果不能和国王的女儿交往，我必死无疑。"

"但国内所有的财宝都被国王收去了，到哪儿弄钱呢？"母亲又想了一阵，说道："你父亲死时，口中含了一枚金币，如果把坟墓挖开，可以得到那枚金币，你用它去结交国王的女儿吧。"

儿子依母亲所言，挖开父亲的坟墓，从口中取出金币。随后，他来到国王女儿那里。于是，他连同那枚金币被送去见国王。国王问道："国内所有的财宝，都在我的仓库，你从哪里得来这枚金币？一定是发现地下宝藏了吧！"

国王用尽种种刑具，拷问寡妇的儿子，想问出金币的来处。寡妇的儿子辩解："我真没有发现地下宝藏。母亲告诉我，先父死时，放过一枚金币在口中，我就去挖开坟墓，取出了这枚金币。"

于是，国王派人去检验真假。使者前去，发现果有其事。国王听到使者的报告，心想：我先前聚集这么多宝物，想把它们带到后世。可那个死人却连一枚金币也带不走，我要这些珍宝又有何用？

从此，国王不再敛财，一心教化民众，他的国家也因此日渐兴盛。

为人，应淡看富与贵。要知道，有所求的乐，如腰缠万贯，乃至一国之尊的富贵，是短暂的；无所求的乐，即“身心自由无欲求”的富贵心态，才是一种纯粹和永恒的乐。人生中真正有价值的，是拥有一颗开放的心，有勇气从不同的角度衡量自己的生活。那样，你的生命才会不断更新，你的每一天都会充满惊喜。

有这样一个富翁，他为了让自己那整日精神不振的孩子懂得知福、惜福，便将其送到当地最贫穷的村落住了一个月。一个月后，孩子精神饱满地回来了，脸上并没有带着被送走时的不悦，这让富翁感到很不可思议。

他想知道孩子有何领悟，便问儿子：“怎么样？现在你应该知道，不是每个人都能像我们过得这样好吧?”

儿子说：“不，他们的日子比我们好。我们晚上只有电灯，而他们有满天星星；我们必须花钱才能买到食物，而他们吃的是自己栽种的免费粮食；我们只有一个小花园，可对他们来说，山间到处都是花园；我们听到的是城市里的噪声，他们听到的却是大自然的天籁之音；我们工作时精神紧绷，他们一边工作一边哼着歌；我们要管理佣人、管理员工，有操不完的心，他们只要管好自己；我们要关在房子里吹冷气，他们却能在树下乘凉；我们担心有人来偷钱，他们没什么好担心的；我们老是嫌饭菜不好吃，他们有东西吃就很开心；我们常常无故失眠，他们每夜都睡得很香……”

人生的价值究竟应怎样诠释？相信每个人心中都有一个答

案。但事实上，金钱绝不是衡量人生的标准，为金钱而活只是愚人的行径，智者追求的财富除了金钱以外，还会包括健康、青春、智慧……

一位老人在小河边遇见一位青年。

青年唉声叹气，满脸愁云惨雾。

“年轻人，你为什么如此闷闷不乐呢？”老人关心地问道。

青年看了老人一眼，叹气道：

“我是一个名副其实的穷光蛋。我没有房子，没有老婆，更没有孩子；我也没有工作，没有收入，饥一顿饱一顿地度日。老人家，像我这样一无所有的人，怎么会高兴得起来呢？”

“傻孩子，”老人笑道，“其实你不该心灰意冷，你还是很富有的！”

“您说什么？”青年不解。

“其实，你是一个百万富翁呢。”老人有点儿诡秘地说。

“百万富翁？老人家，您别拿我这穷光蛋寻开心了。”青年有些不高兴，转身欲走。

“我怎么会拿你寻开心呢？现在，你回答我几个问题。”

“什么问题？”青年有点好奇。

“假如，我用20万元买走你的健康，你愿意吗？”

“不愿意。”青年摇摇头。

“假如，现在我再出20万元，买走你的青春，让你从此变成一个小老头儿，你愿意吗？”

“当然不愿意！”青年干脆地回答。

“假如，我再出20万元，买走你的容貌，让你从此变成一个丑八怪，你可愿意?”

“不愿意，当然不愿意!”青年头摇得像个拨浪鼓。

“假如，我再出20万元，买走你的智慧，让你从此浑浑噩噩，了此一生，你可愿意?”

“傻瓜才愿意!”青年一扭头，又想走开。

“别急，请回答我最后一个问题，假如我再出20万元，让你去杀人放火，让你失去良知，你愿意吗?”

“天啊！干这种缺德事，魔鬼才愿意!”青年愤愤然。

“好了，刚才我已经开价100万元，却仍买不走你身上的任何东西，你说，你不是百万富翁，又是什么?”老人微笑着问。

青年恍然大悟，他笑着谢过老人的指点，向远方走去。

从此，他不再叹息，不再忧郁，微笑着寻找他的新生活。

试问，如果有人出价100万元，要买走你的健康、你的青春、你的人格、你的尊严、你的爱情……你愿意吗？相信你一定会断然拒绝。如此说来，我们都是很富有的呢！

是的！此时的我们都是富人，因为我们已经意识到，物质上的富有只是一种狭隘、虚浮的富有，而心灵上的富足，才是真正的富有。人生的真正价值应在于，你能否利用有限的精力，为这世界创造无限的价值。一如露珠，若在阳光下蒸发，它只能成为水汽；若能滋润其他生命，它的价值就得到了升华，这才是真正的价值所在！

名利本来就是那么一回事

何必太醉心于名利，何必为了满足自己无止境的欲望东奔西走，忙得唉声叹气。只要认真做好自己应该做的事，在知足中细细地品味生活的乐趣，你也就没有辜负自己的一生，没有白活一世。

名利是一个非常富有吸引力的字眼，同时也是许多人立足社会、搏击人生的主动力。自古以来，功名利禄就是一些人的人生奋斗目标。有多少人为了光宗耀祖、福荫万世而削尖了脑袋挤进仕宦之途，又有多少人因为人生的不得意而郁郁寡欢。综观古今，在这个世界上，春风得意、踌躇满志的人毕竟是少数，历史上留下来的更多的还是众多为名和利所困扰、所击败的悲剧。生活的道路本来是很宽阔的，人生的价值也并不全是能够用名和利来衡量的，因此，若想活得轻松自如些，你就应该看淡名利，活出生活的本色来。

孟子曾经说过："养心莫善于寡欲。其为人也寡欲，虽有不存焉者，寡矣；其为人也多欲，虽有存焉者，寡矣。"如果一个人心中的欲望是很有限的，那么对于他来说，外界获得的东西是多是少都与自己无关，少了不足以产生内心的不平衡，而多了也不会助长他的欲望。而假若一个人心中时刻充满着无尽的欲望，那么他永远也不会有舒心的时候。名轻利少则一心想着往上爬、挣大钱，名成利收之后，欲望却又会再一次膨胀。如此循环下去，永远追求着名利，直至生命的尽头仍然不知满足。这样的生命还能有多大意义？

一个人如若养成看淡名利的人生态度，那么面对生活，他也就更易于找到乐观的一面。他所看到的是人生值得讴歌的部分，而对可望而不可即的空中楼阁没有兴趣。现代人面对花花绿绿的精彩世界，更应当有淡名寡欲的思想，如此方能在纷繁的世界里，在众多的不公平中，在自己的心中，构筑一片宁静的田园。

想在纷繁的大千世界始终保持着平和的心态，就要有穷通达观的人生态度。所谓穷通达观的人生态度，就是指“穷亦乐，通亦乐”：身处贫穷之中能够找到生活的乐趣，感到快乐；身处富裕之中也能够心态平和，享受生活之乐。说到底，在生活中我们应该始终保持乐观的生活态度，采取一种顺应命运、随遇而安的生活方式，那么不管是处于顺境还是逆境，我们都能过快乐的、自由自在的生活而不会庸人自扰，不会羡慕那些有钱的大款和老板，不会抱怨自己的命不好。

一对夫妻年轻时共同创业，到了中年终于小有成就，公司净资产1000多万，而且发展势头良好，提起这对夫妻档，商界的人都跷大拇指。然而就在他们的事业如日中天的时候，两人却隐退了，他们辞去了董事长、总经理的位置，将大部分股份卖给一个他们平时就很欣赏的企业家，将房子和车委托给好朋友照管，两个人潇洒地环游世界去了。消息传出后，大家都觉得太可惜，一些亲戚朋友也不理解，讽刺他们说："年龄这么大了，办事却像小孩子一样，那么大的家业说丢就丢，放着好好的老总不做，偏要去环游世界！"

在一些人眼里，这对夫妻确实傻得可以，竟然真的就这样抛下名利，从此以后，他们再也体验不到当老总的风光及大把大把赚钱的乐趣了。其实，这对夫妻才是真正的聪明人，他们抛弃了虚名浮利却得到了生活的真正乐趣。

名，是一种荣誉、一种地位。有了名，通常可以万事亨通，光宗耀祖。名这东西确实能给人带来诸多好处，因而不少人为了一时的虚名所带来的好处，会忘我地去追求名。

然而，沉溺于名会让你找不到充实感，让你备感生活的空虚与落寞。尤为可怕的是，虚名在凡人看来往往闪耀着耀眼的光芒，引诱你去追逐它。尽管虚名本身并无任何价值可言，也没有任何意义，但是总有那么一些人为了虚名而展开搏杀。真正体会到生命的意义、人生的真谛的人都不会看重虚名。其实，实在没有必要为了得到一个毫无价值、毫无意义的虚名而去钩心斗角，弄得邻里打得头破血流，朋友反目成仇，兄弟自相残杀。

钱，是一种财富，是让生活更加舒适的保证。有了钱，就可以住豪宅，开名车，吃大餐，在一些人眼里，金钱甚至是一种带有魔力的、可以让人为所欲为的东西。

然而任何事情都有相反的一面，金钱也会给你带来很多麻烦。比如有了钱以后，你就得为自己的安全担忧，谁知道哪个家伙是不是正打着“劫富济贫”的算盘；有了钱，你就会失去很多朋友，你可能会担心对方是不是冲着你的钱来的……

人的一生面临许多关卡，许多事情都是难以预料的。不管是名分地位还是财富，都不是自己所能决定的。人生活在这个社会中，不可能事事顺心。或许一生的努力都是徒劳，或许高官厚禄、巨额钱财在顷刻之间就会离你而去，荣耀风光成为黄粱一梦。一些人老谋深算，为了争名夺利，不择手段地算计他人，可在突然之间却已被他人算计。人何必活得这么辛苦，又何必活得这么低贱？因此，淡泊名利是人生幸福的重要前提。如果你渴望轻松，渴望真正地获得生命的意义，那么请记住——看淡名利。

如果你的心里还在为领导这次提拔了别人而没有提拔你感到愤愤不平，如果你还在因为与你一起购买体育彩票的邻居中了大奖，你却什么也没有得到而久久不能释怀消气，那么看了上面的几个例子，你是不是觉得有所悟？其实，名利本来就是那么一回事。

就让得失随缘吧

得利心不骄，失利心不馁，淡泊明志，宁静致远，见利让利，处名让名，或许在别人看来，你未免有些“傻”，但事实上，这才是你安身立命、获取成功的法宝。

当我们在得与失之间徘徊的时候，只要还有选择的权利，那么，我们就应当以自己的心灵是否能得到安宁为原则。只要我们能在得失之间做出明智的选择，那么，我们的人生就不会被世俗所淹没。

山姆是一个画家，而且是一个很不错的画家。他画快乐的世界，因为他自己就是一个快乐的人。不过没人买他的画，因此他偶尔难免会有些伤感，但只是一会儿的时间。

“玩玩足球彩票吧！”朋友劝他，“只花2美元就有可能赢很多钱。”

于是山姆花2美元买了一张彩票，并且真的中了彩！他赚了500万美元。

“你瞧！”朋友对他说，“你多走运啊！现在你还经常画画吗？”

“我现在只画支票上的数字！”山姆笑道。

于是，山姆买了一幢别墅并对它进行了一番装饰。他很有品位，买了很多东西，其中包括阿富汗地毯、维也纳橱柜、佛罗伦萨小桌、中国瓷器，还有古老的威尼斯吊灯。

山姆满足地坐下来，点燃一支香烟，静静地享受着自己的幸福。突然，他感到自己很孤单，他想去看看朋友，于是便把烟蒂一扔，匆匆走出门去。

烟头静静地躺在华丽的阿富汗地毯上……一个小时后，别墅变成一片火海，它完全被烧毁了。

朋友们在得知这一消息以后，都赶来安慰山姆：“山姆，你真是不幸！”

“我有何不幸呢？”山姆问道。

“损失啊！山姆，你现在什么都没有了。”朋友们说。

“哪里呀，我只不过损失了2美元而已！”山姆答道。

人生漫长，每个人都会面临无数次选择。这些选择，可能会使我们的生活充满烦恼，使我们不断失去本不想失去的东西。但同样是这些选择，却又让我们在不断地获得。我们失去的，也许永远无法弥补，但我们得到的却是别人无法体会到的、独特的人生。面对得与失、顺与逆、成与败、荣与辱，我们要坦然视之，不必斤斤计较，耿耿于怀。否则，只会让自己活得很累。

其实，人在大得意中常会遭遇小失意，后者与前者比起来，可能微不足道，但是人们却往往会怨叹那小小的失，而不去想想既有的得。

须知，得到固然令人欣喜，失去却也没有什么值得悲伤的。得到的时候，渴望就不再是渴望了，于是得到了满足，却失去了期盼；失去的时候，拥有就不再是拥有了，于是失去了所有，却得到了怀念。连上帝都会在关了一扇门的同时又打开一扇窗，得与失无法分离：得中有失，失中又有得。

《孔子家语》里记载：有一天楚王出游，遗失了他的弓，下面的人要找，楚王说："不必了，我掉的弓，我的人民会捡到，反正都是楚国人得到，又何必去找呢?"孔子听到这件事，感慨地说："可惜楚王的心还是不够大啊！为什么不讲人掉了弓，自然有人捡到，又何必计较是不是楚国人呢?"

"人遗弓，人得之"应该是对得失最豁达的看法了。就常情而言，人们在得到一些利益的时候，大都喜不自胜，得意之色溢于言表；而在失去一些利益的时候，自然会沮丧懊恼，心中愤愤不平，失意之色流露于外。但是对于那些志趣高雅的人来说，他们在生活中能"不以物喜，不以己悲"，并不把个人的得失记在心上。他们面对得失心平气和、冷静以待，超越了物质，超越了世俗，千百年来，令多少人"高山仰止，心向往之"。

“知足”里的哲学

人的欲望是很难满足的，所以我们要学会知足，不能对自己的私欲放任自流，别让欲望毁了你的生活。

人们总是认为自身的欲望得到满足时，才会感到幸福，然而人的欲望就像一个无底洞，什么时候才能满足呢？家财万贯，还想要飞来横财；官居上位，还想再升一级，因为贪得无厌，因为不知足，所以很多人都在名利中迷失了自己。

古代有一个农民想买一块土地，他打听到有个人想卖地，于是就到了当地，向当地人询问土地的价格。

当地人说：“只要交2000块钱，给你一天的时间，从太阳升起的时候算起，直到太阳落下地平线，你能用步子圈多大的地，这些地就都归你了；但是在太阳落下地平线之前不能回到起点的话，这些土地你将一寸也得不到。”

农民心里想：“那我辛苦一点，多走一些路，就可以圈更大的土地了，这样的生意实在是太划得来了。”于是他就和当地人签订了合约。

天刚刚亮，他就迈着大步向前奔走；到了中午，他也顾不得吃饭，当回头时他已经看不见了出发的地方。但是他仍然不停地往前走，心里在想："再忍耐一点，以后就可以多享受一点了。"

他又走了好远的路，眼看太阳就要落山了，他心里非常着急，因为太阳下山之前他不赶到起点，这些土地将都不属于他了。于是他大步往回赶，太阳很快就要落到地平线以下了，他终于耗尽了全身的力气，这时离起点只剩两步了，当他倒下的时候两只手刚好触到起点的那条线。那片土地归他了，可是又有什么用呢？他已经失去了生命。

还有这样一个故事：

我国古代南朝的中书令王僧达，从小聪明伶俐，但却养成了不知检点的毛病。孝武帝即位时，他被提拔为仆射，位居孝武帝的两个心腹大臣之上。王僧达也因此更加自负，以为自己在当朝大臣中无人能及。他在朝时间不长，就开始觊觎宰相的位置，并时时流露出这一情绪。谁知，事与愿违，就在他踌躇满志之时，却被降职为护军。此时，他并没有醒悟，仍惦记着做官，并多次请求到外地任职。这又惹怒了皇上，他被再次削职。这回，他终于因羞成怒，对朝政看不顺眼，所上奏折，言辞激昂，终于被人诬为串通谋反而被赐死。

王僧达的死，究其原因在于其不知足。因为，按照他的年龄、资历，没几年就升到仆射一职，已属不易了。可他竟想入非非，以为"一人之下，万人之上"的宰相非他莫属了。岂料，事情的发展有许多是不以人的意志为转移的。于是，一个贪念使他从高位上翻滚了下来，真正遭到了灭顶之灾。所以可以这样说，是追名逐利的贪心送了王僧达的性命。

由于贪婪，农民和王僧达都失去了自己的生命，没有了生命，贪婪得来的东西又有什么意义呢？欲壑难填，正是人性中最大的缺憾。而不知足的人，即使有再多的金钱、再高的地位，他也无法获得幸福。

相传古时，一个只有母子两个人的家庭，母亲年迈多病，不能干活；儿子王妄，30 岁，还没讨上老婆，靠卖些草来维持生活，日子过得很苦。

这一天，王妄跟以往一样到村北去拔草，无意之中，发现草丛里有一条七寸多长的花斑蛇，浑身是伤，动弹不得，王妄动了怜悯之心，带回了家，小心翼翼地为它冲洗涂药。蛇苏醒后，冲着王妄点了点头，表达它的感激之情，母子俩见状非常高兴，赶忙为它编了一个小荆篓，小心地把蛇放了进去。从此，王妄母子俩对蛇精心地护理，蛇的伤逐渐痊愈，蛇身也渐渐长大，而且总像是要跟他们说话似的，为母子俩单调寂寞的生活增添了不少乐趣。日子一天天过去，王妄照样打草，母亲照样守家，小蛇整天在篓里。一天，小蛇觉得闷在屋子里没意思，便爬到院子里晒太阳，让人意想不到的是，蛇被阳光一照，变得又粗又长，有如大梁，撞见如此情景的王母惊叫一声昏死过去。等王妄回来，蛇已回到屋里，也恢复了原形，却用人类的语言着急地向王妄说："我今天失礼了，把母亲给吓死过去了，你赶快从我身上取下三块小皮，再弄些野草，放在锅里煎熬成汤，让娘喝下去就会好。”王妄说：“不行，这样会伤害你的身体，还是想别的办法吧！”花斑蛇催促着说：“不要紧，你快点，我能顶得住。”王妄只好流着眼泪照办了。母亲喝下汤后，很快苏醒过来，母子俩又感激又纳闷，可谁也没说什么，王妄再一回想每天晚上蛇篓里放金光的情形，更觉得这条蛇非同一般。

话说当时的国王整天不理朝政，宫里的生活日复一日，没什么新样，觉得厌烦，想要一颗夜明珠玩玩，就张贴告示，谁能献上一颗，就封官受赏。这事传到王妄耳朵里，他回家对蛇一说，蛇沉思了一会儿说：“这几年来你对我很好，而且有救命之恩，总想报答，可一直没机会，现在总算能为你做点事了。实话告诉你，我的双眼就是两颗夜明珠，你将我的眼挖出来，献给皇帝，就可以升官发财，老母也就能安度晚年了。”王妄听后非常高兴，可他毕竟和蛇有了感情，不忍心下手，说：“那样做太残忍了，而且你会疼得受不了的。”蛇说：“不要紧，我能顶住。”于是，王妄挖了蛇的一只眼睛，第二天到京城，把宝珠献给国王。满朝文武从没见过这么奇异的宝珠，赞不绝口，到了晚上，宝珠发出奇异的光彩，把整个宫廷照得通亮，国王非常高兴，封王妄为进行大官，并赏了他很多金银财宝。

王后见了，也想要一颗，不得已，国王再次下令寻找宝珠，并说把丞相的位子留给第二个献宝的人，王妄想，我把蛇的第二只眼睛弄来献上，那丞相不就是我的了吗？于是到国王面前说自己还能找到一颗，国王高兴地把丞相之职给了他。可万没想到，王妄的卫士去取第二只眼睛时，蛇无论如何都不给，说非见王妄才行，王妄只好亲自来见蛇。蛇见了王妄直言劝道：“我为了报答你，已经献出了一只眼睛，你也升了官，发了财，就别再要我的第二只眼睛了。人不可贪心。”王妄早已鬼迷心窍，哪里还听得进去，厚颜无耻地说：“我不是想当丞相吗？你不给我怎么能当上呢？况且，这事我已跟国王说了，官也给了我，你不给不好收场呀，你就成全了我吧！”他执意要取第二只眼睛，蛇见他变得这么贪心残忍，早气坏了，就说：“那好吧！你拿刀子去吧！不过，你要把我放到院子里再去取。”王妄早已等待不得，对蛇的话也不分析，一口答应，就把蛇放到了阳光照射的院子里，转头回屋取刀子。等他出来剜宝珠时，蛇身已变成了大梁一般，张着大口冲他喘气，王妄吓得魂都散了，想跑已来不及，蛇一口就吞下了这个贪婪的人。

知足者常乐，不知足者常忧。他如果不知足，就永远不可能获得幸福；他如果知足，幸福就会不请自到。

不是所有欲望都要满足

欲望每个人或多或少都会存在，然而，一旦有了违背道德的贪念，能否以道德压制欲望，战胜贪念，就是一个人成功与失败的分水岭。

有欲望则会想方设法去追求，苦苦追寻不得就会徒生烦恼。古往今来有多少贪财好名之徒为此而断送了前程、断送了性命。清朝乾隆年间的宠臣和珅是世上最有名的贪官，据说，他的家产总计等于大清朝15年的国库收入。然而这么一位大贪官在自缢前却写下了一首感悟诗：夜色明如水，嗟尔困不伸。百年原是梦，卅载枉劳神。室暗难挨算，墙高不见春。星辰环冷月，累绁泣孤臣。对景伤前事，怀才误此身。余生料无几，辜负九重仁。古人言："人之将死，其言也善。"这是大贪官和珅在狱中所写的一首绝笔诗，诗中"对景伤前事，怀才误此身"两句，堪称神来之笔。观和珅绝笔诗，其悟也深啊！只可惜欲望害了他，醒悟得太迟了。

顾恺之是南北朝时宋国吴郡太守，由于他政治清简，风节严峻，故素为人们所敬重。

一天，他的一位朋友来看望他，告诉他说："你的儿子顾绰，这些年来，不择手段地收积了许多钱财。而且，还在外放债，不择手段收取高利。如不加管束，怕是会愈演愈烈啊！"

送走了友人，顾恺之叫来了儿子顾绰。叫顾绰把装满了债券的箱子打开。他仔细看了看，没有假。直起腰来，突然大声呼唤道："侍从过来！"

几个侍从跑了过来。他们将一箱子债券抬到院子中，点起了一堆火，然后忽地一下，将全部债券投入火中。

将债券烧毁后，顾恺之又对侍从说："传言乡里有借顾绰债的，一笔勾销，不用还了！”远近乡里，那些借债的、没借债的，听到这个消息，无不赞扬顾恺之严于律己，严于教子，清廉公正的品格。

财富是人类文明发展的象征，追求财富，拥有财富并不是人性的弱点，关键是获取财富的途径。

有道是君子爱财，取之有道。通过自己的智慧和能力挣来的财富，是一个人的光荣；利用权力贪污受贿来聚敛财富，那就触犯了刑律。顾恺之的儿子顾绰通过放高利贷的办法去获取财富，是不仁不义的行为。坐拥不义财，离灾祸已经不远。顾恺之毕竟深明世故，他设计烧毁了儿子的债券，表面看令儿子失去了一些财产，但从长远看，是切断了儿子生命中的隐患，实乃明智之举。

清心寡欲处世之人，视钱财与功名如外物。不会被欲望所左右，他们能够自由支配人生命运，享受无欲而获得的怡然之乐。

东晋时，吴隐之经旧邻韩康伯的推荐，开始出任“辅国功曹”，随后官职不断升迁，并历任卫将军主簿、晋陵太守、左卫将军、广州刺史、太常、中领军等职。

然而他却没让生活随着他官职的升迁而奢华，依然过着清贫的日子。下属们都有些不解，有人曾经问他：“你寒窗苦读，有了今天的地位也不想改善自己的生活，你不觉得有点吃亏吗？”

吴隐之则说：“一个人读书做官如果只为了贪取富贵，他的人生理想就十分低俗，人生也就无味了。读书做官对这些人而言便是件坏事，是促其堕落的平台，又有什么值得称道呢？我不想成为这种人。”吴隐之每月领到俸禄，第一件事便是接济贫穷的亲友和乡邻。他的家人起初并不赞成，常常责备他：“你不贪不占，这在做官的人中已是很难得。我们家也不富裕，倘若再将辛苦所得的俸禄白白送给别人，当官还不如做百姓呢！”

吴隐之为了让家人理解自己，耐心做他们的工作，劝诫他们说：“戒除贪心不是件容易的事，这需要时时刻刻地努力。我也担心自己一旦富裕起来，就开始追求享受了，现在清苦一些是好事啊！”

吴隐之清廉有德，朝廷对他屡有褒奖，十分信任。当富庶的广州地区的官吏贪污丑闻不断时，朝廷任命吴隐之为广州刺史——在当时来说就是广州地区的最高官员。吴隐之在广州上任之后，不负众望，严惩了一大批贪官污吏和不法商人，使当地习俗日趋淳朴，官吏奉公守法。

吴隐之之所以能够做到不贪、受人尊重，这很大的功劳应记在他有一颗无欲之心上。无欲之人，不会因为贫穷而办鸡鸣狗盗之事，更不会因为富贵而变得奢靡起来；无欲之人，不会因为无权而献媚于人前，更不会因为有钱而鱼肉百姓、聚敛财富。

我们常常被欲望缠身，被欲望搅得吃睡不香。人生短短几十年，谁能没有些想法呢，谁又不希望自己活得更舒服些呢？于是，欲望把我们支配得如无头苍蝇般滴溜乱转，让我们的身心都疲惫不堪，却很难有所得。无欲而怡然，我们缺少的就是一种淡泊明志的心怀、老僧入定的境界，试着去探寻这种境界，找回属于我们的那份怡然生活。

贪欲越多往往越是痛苦

很多人为身外之物殚精竭虑，不惜丧失良知，甚至是生命。殊不知，过度贪婪，会使你的生命之舟超载，无法承受住人生风浪的考验。一个生活的智者，应首先懂得“适度舍弃”这个道理。

人们总是把得失看得太重，把名利看得太重，期望自己位高权重，期望能拥有万贯家财，这样通常会备受名利折磨，轻者身心劳累，重者害人害己。

生活中，很多人拥有金钱，但却没有快乐，他们对金钱垂涎欲滴，整日挖空心思、千方百计想要得到它，恐怕永远也不会快乐而且身心劳累。四大吝啬鬼之一的严监生，都快死了，已经讲不出话来了，还是大瞪着两眼，直竖着两根指头不肯咽气。像他这样的人，绞尽了脑汁，“辛苦”经营了一辈子，挣下了万贯的家财，本来是可以带着“成就感”心满意足地去了，可是他却死活不肯咽下最后一口气。旁边的族人皆不明白严监生直竖的两根指头到底是什么意思，最后还是他的媳妇机灵，因为她发现严监生的两眼死死地瞪着桌旁的油灯。油灯里燃着两根灯草，严监生伸着两根指头不就是不满意燃着的两根灯草吗？照着严家的规矩，本着“节俭”的原则，应该熄掉一根灯草才是。于是小儿媳妇赶紧跑过去熄掉了一根灯草。这招真是灵验，一根灯草刚熄，严监生就咽气了。

世上类似于严监生这样临死还被自己无尽的贪欲折磨着的人虽然不多，但是为了名、为了利，整日处心积虑，乃至不择手段的人实在是太多了。得到了名利也许能给你短暂的满足和快乐，然而名利如浮云，你能够得到它，也会不留一丝痕迹地失去它。失去了名利之后，你所剩下的只有深深的遗憾。生命对每一个人来说就是一次单程旅行，没有回头路可走，所以，尽量使自己的灵魂沉浸在轻松、自在的状态，这是最好不过的。

一般贪婪自私的人目光如豆，只看得见眼前的利益，看不见身边隐藏的危机，也看不见自己生活的方向。人的贪欲越多，往往越是生活在日益加剧的痛苦中，一旦欲望获得满足，他们仍然会失去正确的人生目标，陷入对蝇头小利的追逐；还有一些人好贪小便宜，却因此而吃了大亏，这就是所谓的“知足之人永不穷，不知足之人永不富”。

人人都有名利之心，这是不可避免的，但是一个人要求富贵，必须得之有道，持之有度。就生活的价值而言，如果我们能够体味人生的酸甜苦辣，没有虚度时光，心灵从容充实，则不管我们是贫是富皆可以满意了。

富贵荣华生不带来，死不带走。如果人们能看破了这一点，对于世间的荣华富贵不执着和贪恋，则我们的心胸自然就会平静如水。

庄子曾说过：“不为轩冕肆志，不为穷约趋俗，其乐彼与此同，故无忧而已矣。”这句话大意是说那些不追求官爵的人，不会因为高官厚禄而沾沾自喜，也不会因为穷困潦倒、前途无望而趋炎附势、随波逐流，在荣辱面前一样达观，所以他也就无所谓忧愁。庄子主张“至誉无誉”。在他看来，最大的荣誉就是没有荣誉。他把荣誉看得很淡，他认为，名誉、地位、声望都算不了什么。尽管庄子的“无欲”“无誉”观有许多偏激之处，但是当我们为官爵所累、为金钱所累的时候，何不从庄子的训哲中发掘一点值得效法和借鉴的东西呢？

其实人活着就是为了享受快乐，但生活中很多人由于贪心过重，为外物所役使，终日奔波于名利场中，每天抑郁沉闷，不知人生之乐，所以我们不妨花点时间，平心静气地审视一下自己，是否在心中藏着许多欲求而不可得的小秘密，是否常常被这些或名或利的欲望搅得心烦意乱。心中有点小秘密是正常的，因为每个人总会有着这样或那样的欲求，只不过有的人懂得如何正确地面对这些或者正当或者不正当的欲求：正当的欲求，他会尽量去满足，实在凭自己的能力满足不了的，他也会平心静气地面对这样的事实；不正当的欲求，他会为此而感到内疚，感到惭愧，会在心底检讨自己，不会发展到为了这样的欲求而不择手段的地步。但也有人不会控制自己的名利之心，结果贻误了自己，毁了自己的一生。你所要做的就是做出明智的选择：做控制欲望的人或被欲望操控的人。

知时、知难、知命、知退、知足

进有时便是退，退有时便是进。常言道：“进一程风高浪急，退一步海阔天空。”懂得功成身退、见好即收的道理，会使你终身受益。

张良原是汉高祖刘邦手下的一名大臣，与萧何、韩信并称为“汉初三杰”，他熟悉兵法，一生以谋略见长，是刘邦的主要谋士之一。若没有他，刘邦能否建立汉朝就得打上问号。是他设计攻占秦国首都咸阳；是他设计帮助刘邦逃脱鸿门宴上的杀身之祸；是他英明决断火烧栈道；是他及时阻止了刘邦准备封赏六国后代的计划；也是他力排众议，在楚汉议和后彻底消灭了项羽；还是他帮助刘邦在得天下后镇抚各将士，建都长安，稳固了汉朝的江山社稷。可就是这样一位开国功臣却没有居功自傲，不仅拒绝了封赏给他的三万户领地，还身体力行了老子所讲的“功遂，身退，天之道”的思想，不倚仗功劳让自己成为显赫家族，而是闭门不出，潜心学道，以引退的方式来表明他的人生哲学。

那么，张良此举是否就是在逃避人生呢？答案是否定的。从他晚年为使汉朝免于宫廷内战，为保持社会稳定而帮助太子刘盈请出“商山四皓”的事例中即可见其是以一种更超然的方式来参与朝中大事的。这位早年在下邳向黄石公学习《太公兵法》的隐者，深深明白“达士知处阴敛翼，而岩晦亦是坦途”的道理，亦懂得“谢事当谢于正盛之时”才是“天之道”。

能功成名就者肯定都是聪明人，但能急流勇退者却不是仅有聪明就能做到的。因为“由俭入奢易，由奢入俭难。”急流勇退，放弃的只是一些名利等身外之物，于人于己皆无损，而得到的却是超然人品，自然之心，于人于己皆有益，何乐而不为？

美酒饮到微醉处，好花看到半开时。明人许相卿说：“富贵怕见花开。”此语殊有意味。言已开则谢，适可喜正可惧。做人要有一种自惕惕人的心情，得意时莫忘回头，着手处当留余步。此所谓“知足常足，终身不辱，知止常止，终身不耻”。宋人李若拙因仕海沉浮，作《五知先生传》，谓做人当知时、知难、知命、知退、知足，时人以为智见，反其道而行，结果必适得其反。

君子好名，小人爱利，人一旦为名利驱使，往往身不由己，只知进，不知退。尤其在中国古代的政治生活中，不懂得适可而止，见好便收，无疑是临渊纵马。中国的君王，大多数可与同患，难与处安。所以做臣下的在大名之下，往往难以久居。故老子早就有言在先：“功名，名遂，身退。”不过，人们的不幸往往就是因为“不识庐山真面目”。

范蠡辅佐越王勾践振兴越国，终使勾践灭掉吴国，一雪前耻。其后，勾践加封范蠡为上将军，然范蠡深知勾践其人只可共患难，而不能共富贵，遂修辞书一封，弃官而去，乘舟远行，不再复返。

范蠡曾在齐国写信给好友文种，信中说道："飞鸟尽，良弓藏；狡兔死，走狗烹。越王为人长颈鸟喙，只可共患难，不可同享乐，君何不去?"其大意为：飞鸟射尽，弓弩就会被收藏起来；狡猾的兔子猎完，猎狗就会被煮食。观越王面相，颈长而嘴尖，城府极深，工于心计，只可与他共患难，却不能与之同享乐。你为何还不快快离开呢？文种得信以后，感范蠡所言甚是，便假称病而不入朝，但终未能幸免于难。相对而言，范蠡则要聪明得多，他早早料到这一点，急流勇退，方得以保全性命。后又三次经商成巨富，三散家财，并被世人尊为儒商鼻祖、"财神"。

无独有偶。

有一"柔道王"在连续斩获200场胜利以后，突然宣布退役，转而去做了一名教练，但当时他尚未到而立之年。

人们对他的选择颇为不解，都以为"柔道王"出了什么问题，一时间众说纷纭。直到后来，"柔道王"在与朋友谈心时才道出了个中缘由，他说："我当时明显感觉到自己的巅峰状态已经过去，而且求胜欲望也大不如以前强烈，既然如此我又何必硬撑下去呢？还不如急流勇退，给人们留下一个美好的回忆。"

毋庸置疑，无论范蠡还是"柔道王"，都是人生中的智者。他们的选择虽有些无奈，但却为自己留下了永久的美丽。相对于那些不懂退避、抱着功名利禄不放的人而言，他们才是英雄，因为他们有勇气放下令人艳羡的光环，留给了世人一个睿智的微笑。

一如司马迁所说："酒极则乱，乐极则悲，万事尽然。"

乐极生悲，概括地讲，是一个人对生命的热爱和留恋而生出的惘然和悲哀；是一个人对生活中好花不常开、好景难常在的无奈和怅惋。人的情绪很难停驻在一种静止的状态，人对世事盛衰兴亡的更替习以为常之后，心境喜怒哀乐的轮回变换也成为了自然，人在纵情寻乐之后，随之而来的往往是莫名其妙的空虚伤怀，推之不去，避之不开，因为欢乐和惆怅本来就首尾并列。所以庄子在"欣欣然而乐"之后感叹："乐未毕也，哀又继之。"人只有在生命的愉悦中才能体会真正的悲哀。所以，真正的丧亲之痛，不在丧亲之时，而在阖家欢宴，或睹旧物思亡人的那一瞬间。人在悲中不知悲，痛定思痛是真痛。

适可而止，见好便收，尤其是面对功名利禄时，更要保持这样一份淡然。

四、再苦再累，也别轻贱了心灵

所有用钱买得到的东西，都不是值得夸耀的奢侈品。真正有品位，是看似一无所有，但感觉拥有一切，就算有天失去所有财富，仍会务实对待生活。真正的奢侈，不是金钱多寡或排场大小，而在于你有没有能力摆脱庸俗！只要心还富足，就能活得很潇洒！

荣辱毁誉不上心

得到了荣誉、宠禄不必狂喜狂欢，失去了也不必耿耿于怀，忧愁哀伤，这里面有一个哲理，即得失界限不会永远不变。一切功名利禄都不过是过眼云烟，得而失之，失而复得这种情况都是经常发生的，意识到一切都可能因时空转换而发生变化，就能够把功名利禄看淡看轻看开些，做到“荣辱毁誉不上心”。

历来有些精神追求的人，往往在荣辱问题上采取顺其自然的态度。或仕或隐，无所用心；能上能下，宠辱不计，只要顺势、顺心、顺意即可。这样一来，既可以在条件允许的情况下为百姓做点好事，又不至于为争宠争禄而劳心劳神，去留无意，亦可全身远祸；有时在利害与人格发生矛盾时，则以保全人格为最高原则，不以物而失性、失人格。如果放弃人格而趋利避害，即使一时得意，却要长久地受良心谴责。

在荣辱问题上，做到“难得糊涂”“去留无意”，这才叫潇洒自如，顺其自然。一个人，当你凭自己的努力、实干，靠自己的聪明才智获得了应得的荣誉、奖赏、爱戴、夸耀时，应该保持清醒的头脑，有自知之明，切莫受宠若惊，飘飘然，自觉霞光万道，所谓“给点光亮就觉灿烂”。无可无不可，宠辱不惊，当如古人阮籍所云“布衣可终身，宠禄岂足赖”。一切都不过是过眼云烟，荣誉已成过去时，不值得夸耀，更不足以留恋。另一种人，也肯于辛勤耕耘，但却经不住玫瑰花的诱惑，有了荣誉、地位，就沾沾自喜，飘飘欲仙，甚至以此为资本，争这要那，不能自持。更有些人，“一人得道，鸡犬升天”，居官自傲，横行乡里，他活着就不让别人过得好。这些人是被名誉地位冲昏了头脑，忘乎所以了。

要真正做到脱离物质而一味追求人格高尚纯洁确实很难。但要有了人格追求，起码可以活得轻松潇洒些，不为物质所累，更不会为一次晋级、一次调房、一次涨薪而闹得不可开交，即使不争不闹心中也闷闷不乐，郁郁寡欢；也不会为功名利禄而趋炎附势，投其所好，出卖灵魂，丢失人格。现实生活中，每个人都可能有一两次这样的经验和体会，当你放弃利害，保住人格时，那种欣喜愉悦是发自肺腑的、淋漓尽致的。一个坦坦荡荡的人，他的心是宁静安逸的；而蝇营狗苟的小人，其心境永远是风雨飘摇的。

苦中也有一缕芬芳

生命是一种轮回。人生之旅，去日不远，来日无多，权与势，名与利……统统都只是过眼云烟。

苦一点没什么，它会让你更懂得珍惜自己的所有，更懂得享受生活，你也就更能体味到生活的幸福滋味！

清清是一个细致、朴素的女孩，是个大学二年级的穷学生。一个男生喜欢她，但同时也喜欢另一个家境很好的女生。在他眼里，她们都很优秀，也都很爱他，他为选择自己的另一半很犯难。有一次，他到清清家玩，当走到她简陋但干净的房间时，他被窗台上的那瓶花吸引住了——一个用矿泉水瓶剪成的花瓶里插满了田间野花。

他被眼前的情景感动了，就在那一刻，他选定了谁将是他的新娘，那便是摆矿泉水瓶花瓶的清清。促使他下这个决心的理由很简单，清清虽然穷，却是个懂得如何生活的人，将来，无论他们遇到什么困难，他相信她都不会失去对生活的信心。

还有一则故事：

雅莉是个普通的职员，生活简单而平淡，她最常说的一句话就是：“如果我将来有了钱啊……”同事们以为她一定会说买房子买车，她的回答却令人们大吃一惊：“我就每天买一束鲜花回家！”“你现在买不起吗？”同事们笑着问。“当然不是，只不过对于我目前的收入来说有些奢侈。”她也微笑着回答。一日，她在天桥上看见一个卖鲜花的乡下人，他身边的塑料桶里放着好几把雏菊，她不由得停了下来。这些花估计是乡下人批来的，又没有门面，所以花便宜得要命，一把才 5 元钱，如果是在花店，起码要 15 元！于是她毫不犹豫地掏钱买了一把。

她兴奋地把雏菊捧回了家，在她的精心呵护下这束花开了一个月。每隔两三天，她就为花换一次水，再放一粒维生素 C，据说这样可以让鲜花开放的时间更长一些。每当她和孩子一起做这一切的时候，都觉得特别开心。一束雏菊只要 5 元钱，但却给雅莉和家人带来了无穷的快乐。

第三个故事是这样的：

关琳是某大型国企中的一名微不足道的小员工，每天做着单调乏味的工作，收入也不是很多。关琳有着非常苗条的身材，同事们常常感叹说：“关琳如果穿起时髦的高档服装，都能把一些大明星比下去！”对于同事的惋惜之词，关琳总是一笑置之。有一天，关琳利用休息时间清理旧东西，一床旧的缎子被面引起了她的兴趣——这么漂亮的被面扔了实在可惜，自己正好会裁剪，何不把它做成一件中式时装呢！等关琳穿着自己做的旗袍上班时，同事们一个个目瞪口呆，拉着她问是在哪里买的，实在太漂亮了！从此以后，关琳的“中式情结”一发不可收拾：她用小碎花的旧被单做了一件立领带盘扣的风衣，她买了一块红缎子面料稍许加工后，就让她常穿的那条黑长裙大为出彩……

三个身处不同环境的平凡女人有一个共同点：她们都能从平凡的生活中找到属于自己的幸福。清清不富有，但她却懂得尽力使自己的生活精致起来；雅莉生活平淡，她却愿意享受平淡的生活，并为生活增添色彩；关琳无法得到与自己的美丽相称的生活，但她没有丝毫抱怨，还尽量利用已有的东西装点自己的美丽，所以最快乐的人并不是一切东西都是美好的，她们只是懂得从平淡的生活中获取乐趣而已。

其实，世界上的大多数人都并不伟大，但平凡的人生同样可以光彩夺目。因为任何生命——平凡的生命和伟大的生命，都是从零开始的。只是平凡的人离零近些，伟大的人离零远些。

追求平凡，并不是要你不思进取，无所作为，而是要你于平淡、自然之中，过一个实实在在的人生。平凡乃人生的一种境界。肤浅的人生，往往哗众取宠，华而不实，故弄玄虚，故作深沉；而平凡的人生，往往于平淡当中显本色，于无声处显精神。平凡在某种程度上来说，表现为心态上的平静和生活中的平淡。平淡的人生犹如山中的小溪，自然、安逸、恬静。平凡的人生也无须雕琢，刻意雕琢就会失去自然、失去本性。

享受平凡，勤耕苦作有收获，不求名利少烦恼；享受平凡，看海阔天空飞鸟自在翱翔；看山清水秀，无限风光在眼前。享受平凡，不是消极，不是沉沦，不是无可奈何，不是自欺欺人。享受平凡是因为平凡中你才能体会到生活的幸福和可贵，幸福不是腰缠万贯、豪华奢侈，幸福不是位高权重、呼风唤雨，幸福是对平凡生活的一种感悟，只要你经历了平凡，享受了平凡，就会发现：平凡才是人生的真境界！

改变你的生活态度

如果你不能改变生活方式，那你就试着去改变自己的生活态度。同样的一件事，你的眼光不同，它在你心目中的价值也就有所不同，把清贫当成一种享受，你才能发现其中的乐趣。生活对待每一个人都是公平的，关键是你的心态。其实，真正的天堂就在我们心中，只要我们拿得起、放得下，生活就会充满快乐。

很多人都希望自己能过上富有、奢华的生活，然而当他们真的拥有了这一切时，却又发现自己并没有想象中快乐。

某地曾经发生过这样一件事：

一对新婚夫妇从农村去城里打工，妻子在一所学校附近开了一个小小的成衣铺，丈夫则在市场里卖蔬菜，两人挣得都不多，但维持日常的用度却也足够了。那时他们最大的愿望就是努力赚钱，在城里买个房子。有一天妻子路过一个彩票销售点，就顺手买了一张，没想到好运从天而降，她居然中了500万元。夫妇二人高兴得不得了——这一辈子都可以吃喝不愁了。可是把钱放在哪儿呢？放在家里，两人就会每天提心吊胆，存在银行里的话，哪个银行可靠呢？存在谁的名头下呢？两人为这个问题吵了好久，几乎翻了脸，这还只是一个开始。以后的一段日子里，双方的亲戚朋友一批批地来找他们借钱，而且数目都不小，无奈之下两人只好一视同仁，无论来的是谁一律拒绝，不到一个月，亲戚朋友就得罪光了。这一夜，两人无言对坐，妻子摸了摸落满灰尘的缝纫机，眼泪突然流了下来：自己明明有了很多钱，为什么却觉得失去了很多？

生活中，很多人也都像这对夫妻一样，羡慕别人人生里有无尽的风光和色彩，羡慕别人拥有的财富和名利，但是等他们拥有了原来自己所渴望的东西，他们却没有了快乐的感觉，反而茫然若失。很多时候我们得到了金钱，却失去了自己，无法弄清自己真正需要的是什么。

有一次，英国游客杰克到美国观光，导游说西雅图有个很特殊的鱼市场，在那里，买鱼是一种享受。和杰克同行的朋友听说以后，都感觉很好奇。

那天，天气不是很好，但杰克发现市场并非鱼腥扑鼻，迎面而来的是鱼贩们欢快的笑声。他们面带笑容，像合作无间的棒球队员，让冰冻的鱼像棒球一样在空中飞来飞去。大家互相唱和："啊，5条鲭鱼飞明尼苏达去了。""8只螃蟹飞到堪萨斯。"这是多么和谐的生活，充满乐趣和欢笑。

杰克问当地的鱼贩："你们在这种环境下工作，为什么会保持愉快的心情呢？"

鱼贩说："事实上，几年前这里简直毫无生气可言，大家整天抱怨。后来，众人认为与其抱怨，不如改变工作的品质。于是，大家不再抱怨生活，而是把卖鱼当成一种艺术。再后来，一个创意接着一个创意，一串笑声接着另一串笑声，我们成了鱼市场中的奇迹。"

鱼贩又说："大伙练久了，人人身手不凡，可以和马戏团演员相媲美。这种工作气氛影响了附近的上班族，他们常到这里用餐，分享我们的好心情。一些无法提升团队士气的主管，甚至还专程跑来咨询。"

据说，有时鱼贩们还会邀请顾客参加接鱼游戏。即使惧怕鱼腥的人，也很乐意在热情的掌声中一试再试。每个愁眉不展的人进了鱼市场，最后都会笑逐颜开地离开，手中还会提满情不自禁买下的货，内心似乎也会悟出一点道理。

对于真正享受生活的人来说，任何不需要的东西都是多余的。要那么多的钱干什么？房子再大，适合睡眠的却只是一张床而已！

我们应该平静地面对生活给予的一切，不要让欲望这个没有止境的黑洞来洞穿我们的心灵。因为一旦我们的心灵上有了缺口，那么冷风就会肆无忌惮地在其中来回穿行，让我们终生失去温暖，变得孤单而寒冷。

也许，在我们今天的这个社会里，要冷静而坦然地面对身边的名利，可能很难，一般人都无法在心理上达到平衡。其实，与充满金钱的生活相比，平淡清贫不存在真正意义上的缺失和悬殊。金钱，生不带来，死不带去，而享有一次鱼贩一样富足的生命，才是我们所追寻的人生价值之所在。

对一个人来说，最重要的就是能以自己喜欢的方式生活，有时候过多的金钱反而会成为你最大的负担。

认清赚钱的实质

不要抓住金钱不放，你可以随时享受生活，而不必限定在有了一定数量的金钱以后。

我们总是认为必须有钱才能享受生活，事实上享受生活只和你的心态有关，和你的金钱并没有太大的关系。

在一个美丽的海滩上，有一位不知从哪儿来的老翁，每天坐在固定的一块礁石上垂钓。无论运气怎样，钓多钓少，两小时的时间一到，便收起钓具，扬长而去。

老人的古怪行为引起了一位小伙子的好奇。一次，这位小伙子忍不住问：“当您运气好的时候，为什么不一鼓作气钓上一天？这样一来，就可以满载而归了！”

“钓更多的鱼用来干什么？”老者平淡地反问。

“可以卖钱呀！”小伙子觉得老者傻得可爱。

“得了钱用来干什么？”老者仍平淡地问。

“你可以买一张网，捕更多的鱼，卖更多的钱。”小伙子迫不及待地说。

“卖更多的钱又干什么？”老者还是那副无所谓的神态。

“买一条渔船，出海去，捕更多的鱼，再赚更多的钱。”小伙子继续回答。

“赚了钱再干什么？”老者仍是显出无所谓的样子。

“组织一支船队，赚更多的钱。”小伙子心里直笑老者的愚钝不化。

“赚了更多的钱再干什么？”老者已准备收竿了。

“开一家远洋公司，不光捕鱼，而且运货，浩浩荡荡地出入世界各大港口，赚更多更多的钱。”小伙子眉飞色舞地描述道。

“赚更多更多钱还干什么？”老者的口吻已经明显地带着嘲弄的意味。

小伙子被这位老者激怒了，没想到自己反倒成了被问者。“您不赚钱又干什么？”他反击道。

老人笑了：“我每天只钓两小时的鱼，其余的时间，我可以看看朝霞，欣赏落日，种种花草、蔬菜，会会亲戚朋友，优哉游哉，更多的钱对于我何用？”说话间，已打点行装走了。

抛弃了功利的思想，悠闲自在地在沙滩上垂钓，不用为钱耗费心力，不用与人钩心斗角，这是一种多么令人神往的人生境界啊！然而生活中，很多人还是认为只有自己挣到了足够的钱，才能不再为钱忧心，自在地享受生活了，然而真的是这样吗？

雷先生是一个成功的商人，家有娇妻爱子，汽车洋房，还有令人羡慕的事业，人人都说雷先生实在太幸运、太幸福了，但雷先生却总觉得自己活得很累：从早到晚应酬不断，私底下恨不得将对方一斩两段，表面上却还得跟对方称兄道弟，推杯换盏；生意场上费尽心力，明争暗斗，没完没了；公司里忙忙碌碌，事无大小都得亲力亲为……更可气的是回到家里妻子和孩子还不理解他，妻子指责他冷落了自己，孩子埋怨他不带自己出去玩，雷先生也一肚子火，自己在外这样拼死拼活都是为了多赚点钱，让一家人生活得更幸福，怎么一片好心倒落了一身埋怨呢？这不，为了工作他决定将已经一再推迟的家庭旅游计划再推迟一段时间，这个决定惹恼了妻子，两人大吵一架后，妻子带着孩子回娘家了，留下雷先生一个人在家喝闷酒：我到底哪儿做错了？

雷先生显然错解了幸福的含义，他似乎认为拥有的金钱越多，生活就越幸福，他也总在想：等我拥有足够的金钱，我就可以放下一切，自由地享受生活，然而金钱的诱惑似乎常常与手头拥有的数目直接成正比例：你拥有越多，你越想要。同时，每 1 元钱的增量价值，似乎与实际价值成反比例：你拥有越多，你需要越多。金钱能够买到舒适，促进个人自由。但一旦钻到钱眼里，金钱就会束缚个人的自由。因此，雷先生如果不改变心态，那么即使拥有更多的钱，他也仍旧无法为自己和家人带来快乐。

45岁的银行家弗兰克说："虽然我拥有超过200万英镑的财产，但我感到压力很大，我不能在每年15万英镑的基本收入的基础上使收支相抵。我想也许我正在失控，我总是苦于奔波，但我还是错过了好多约会。当我不得不作决定时，我感到好像有人把他的拳头塞进了我的肠子里。午夜时，我会爬起来开始翻报表，我只是想让我平静下来。我无法睡觉，无法停下来。然而我还是不能取得进步。"

很明显，在弗兰克看来，他所取得的一切都没什么意义，他真的相信，当他达到他的金融目标时，他将感觉像一位国王。金钱已成为他的自尊和支柱，一种对人的价值的替代之物。他意识到金钱本身绝不可能让他幸福，并且一直到他重新界定他的价值和他的优先考虑事项为止，弗兰克将继续在成功边缘摇摆不定，将他的家庭和他的健康置于危险之中。

迷恋金钱有多种表现方式，弗兰克只是体现出其中一些。然而，有一条把所有这些情况贯穿起来的共同线索，在这一点，金钱作为美好生活的手段的价值消失了，金钱本身成了一种目的。当它被置于爱情、信任、家庭、健康和个人幸福之前时，它总是倾向于腐烂。

别让金钱谋杀你的幸福

当我们过分迷恋于金钱时，金钱就会使人性变得畸形，它就像一个理智的杀手一样，把人引诱到一个可怕的阴谋中，并残忍地斩断亲情、友情和爱情。

每个人都喜欢金钱，因为金钱可以让人生活得更舒适，行动更自由。比如，有了钱，我们就可以去各地旅行；有了钱，我们就可吃遍各种美食，有了钱……但对于金钱和财富，我们要持有一种健康的心态才行，不然即使有大把的金钱你也不会快乐，也不懂得运用它。我们生活的目的大多数是想生活得更好一些。然而，我们又不可过于看重金钱，因为一旦钻到钱眼里，金钱就会束缚个人的自由，破坏原有的美好生活。金钱的诱惑力，常常与手头拥有的数目多少直接成正比。你拥有得越多你就想要的越多，你需要的也就越多。财富基础是生活稳定的美好前提，但是我们要清楚，财富数目是永远没有止境的，一旦我们开始狂热地追求财富，是很容易迷失方向的。

有这样一对青年，他们婚后生活得美满幸福，并且有了两个可爱的孩子，邻居们都非常羡慕他们。然而，丈夫总觉得自己的家庭与许多人相比，显得太寒酸了。于是，他告别了妻儿老小，终年奔波在外，处心积虑地挣钱。天长日久，妻子感到家庭冷清沉寂，尽管有了更多的钱财，却无异于生活在镶金镀银的墓穴中。孩子长大了，却没有见过爸爸。后来，爸爸终于回来了，可是，他在一次生意中被人骗了而破产，成了一个衣衫褴褛、垂头丧气的人。孩子望着这位泪流满面的“叔叔”，惊异地说：“要饭的，我妈妈不在家，待会儿她买好吃的回来了，再给你吃吧！”

妻子回来了，她是位忠厚、贤惠的妇人，多年来，她一直惦记奔波在外的丈夫，看到丈夫的那一刻，她什么都明白了。

丈夫像孩子似的扑进妻子的怀里，泣不成声地说：“完了，一切都完了，我的心血全被那帮坏蛋吸干榨尽了，我没有活路了，我的路走完了，我后悔死了。”

妻子满是怜惜地看着丈夫，仔细地听完了丈夫的哭诉，然后，她用手轻抚他的头发，脸上露出了几年来从未有过的微笑，说：

“你的路曾经走错了，但现在你的心终于回来了。这是我们全家真正幸福生活的开始。只要我们辛勤劳动、安居乐业，幸福还会伴随我们。”

是的，幸福与诚恳、老实是分不开的，而任何企图搞邪门歪道的人，都休想踏进幸福的大门。从此以后，夫妻二人带着两个孩子辛勤劳动，共同经历风雨，用自己的汗水换来了丰硕的成果。尽管他们的生活并不奢华，但爱的心愿充溢着他们的心房，他们重新找回了昔日生活的美好，也懂得了生活真正的含意。

有一对很要好的朋友在树林里散步，突然有个乞丐慌忙地从丛林中跑出来，他们便问道："什么事让你这么惊慌失措？"

乞丐说："太可怕了，我在树林里挖到了一堆金子！"

两个人心里禁不住地想："这个人真是傻瓜！挖到黄金，这么好的事情居然觉得害怕！"于是他们问道："你在哪里挖到的？能告诉我们吗？"

乞丐问："这么厉害的东西，你们不怕吗？它会吃人的！"

那两个人不以为然地说："我们不怕，请你告诉我们在哪儿吧！"

乞丐说："就在森林最东边的那棵树下面。"

两个朋友立刻找到那个地方，果然发现了很多金子。

一个人对另一个人说："这个乞丐真是愚蠢，有这些金子他根本用不着再讨饭了，而且人人渴望的金子在他眼里却成了吃人的东西！真是个傻瓜，难怪要一辈子讨饭。"

另一个人也随声附和地点头称是。

他们于是讨论怎么处置这些金子，其中一人说："白天拿回去不太安全，还是晚上再拿回去吧。我在这儿看着，你回去拿些饭菜，我们等到天黑再把金子拿回去吧。"

另外一个人就照他说的去做了。留下的那个想："如果这些金子都归我一个人多好呀。等他回来，我就用棍子打死他，这些金子就都属于我了。”他开心地笑了。

回去拿饭的那个也在想，独占这些金子该多好呀，于是就在饭菜里下了毒，要毒死他这位朋友。

刚回到树下，那个朋友就用木棍将他打死，然后说道：“亲爱的朋友，我本不想杀你的，可是这堆金子逼迫我这样做。”

之后，他拿起朋友送来的饭菜，狼吞虎咽地吃起来了。没过多久，他就觉得肚子里如火烧一样，他知道自己中毒了，临死前他无限感叹地说：“乞丐说的话真是一点都不错呀！”

为了金钱杀害自己最亲密的朋友，人为财死，鸟为食亡，这是多么悲哀的一幕！因为贪念而放不下，这是非常危险的，它伤害的不仅是自己，而且是别人，甚至可能是我们至亲至爱的人。

金钱是获取美好生活的一种手段，而不是万能的神明。过分执迷于金钱，人的情感就会变得冷漠；过分追逐金钱，人就会产生妒忌和猜疑，所以我们应当学会正视金钱，别让金钱谋杀了你的幸福。

富足未必幸福

一个人如果欲望太多，他就会变得贪婪，他所受到的限制就越大；一个人的欲望越少，他就会越自由、越幸福。一个永不知足的人是无法感受到幸福的。

人，饥而欲食，渴而欲饮，寒而欲衣，劳而欲息。幸福与人的基本生存需要是不可分离的。人们在现实中感受或意识到的幸福，通常表现为自身需要的满足状态。人的生存和发展的需要得到了满足，便会产生内在的幸福感。幸福感是一种心满意足的状态，植根于人的需求对象的土壤里。

然而，很多人都是希望自己拥有得再多一些，从来没有满足的时候。民间流传着一首《十不足》诗：终日奔忙只为饥，才得饱食又思衣。冬穿绫罗夏穿纱，堂前缺少美貌妻。娶下三妻并四妾，又怕无官受人欺。四品三品嫌官小，又想面南做皇帝。一朝登了金銮殿，却慕神仙下象棋。洞宾与他把棋下，又问哪有上天梯。若非此人大限到，上到九天还嫌低。这首诗对那些贪心不足者的恶性发展写得淋漓尽致。物欲太盛造成的灵魂变态就是永不知足：没有家产想家产，有了家产想当官，当了小官想大官，当了大官想成仙……精神上永无宁静，永无快乐。

在陕西南部山区有一位还未脱贫的农民，他常年住的是漆黑的窑洞，顿顿吃的是玉米、土豆，家里最值钱的东西就是一个盛面的柜子。可他整天无忧无虑，早上唱着山歌去干活，太阳落山又唱着山歌走回家。别人都不明白，他整天乐什么呢？

他说："我渴了有水喝，饿了有饭吃，夏天住在窑洞里不用电扇，冬天热乎乎的炕头胜过暖气，日子过得美极了！"

这位农民物质上并不富裕，但他却由衷地感到幸福。这是因为他没有太多的欲望，从不为自己欠缺的东西而苦恼的缘故。

与这个农民相反的是一个卖服装的商人。这个商人有很多钱，但他却终日愁眉不展，睡不好觉。细心的妻子对丈夫的郁闷看在眼里，急在心上，她不忍丈夫这样被烦恼折磨，就建议他去找心理医生看看，于是他前往医院去看心理医生。

医生见他双眼布满血丝，便问他："怎么了，是不是受失眠所苦？"服装商人说："是呀，真叫人痛苦不堪。"心理医生开导他说："别急，这不是什么大毛病！你回去后如果睡不着就数数绵羊吧！"服装商人道谢后离去了。

一个星期之后，他又出现在心理医生的诊室里。他双眼又红又肿，精神更加颓丧了，心理医生复诊时非常吃惊地说："你是照我的话去做的吗？"服装商人委屈地回答说："当然是啊，还数到三万多只呢！"心理医生又问："数了这么多，难道还没有一点睡意？"服装商人答："本来是困极了，但一想到三万多只绵羊有多少毛呀，不剪岂不可惜？”心理医生于是说：“那剪完不就可以睡了？”服装商人叹了口气说：“但头疼的问题又来了，这三万只羊的羊毛所制成的毛衣，现在要去哪儿找买主呀？一想到这儿，我就睡不着了！”

这个服装商人就是生活中高压人群的真实写照，他们被种种欲望驱赶着跑来跑去，疲乏至极，每天睁开眼睛想到的是金钱，闭上眼睛又谋划着权力，日复一日，年复一年，这样的人怎么会享受到幸福呢？

有些欲望是自然而必要的，有些欲望是非自然而不必要的，前者包括面包和水，后者就是指权势欲和金钱欲等。人不可能抛弃名利，完全满足于清淡生活，但对那些不必要的欲望，至少应当有所节制。

五、淡然一点，取舍之间必有得失

人生就是这样，得失无常，祸福互倚，凡是路过的，都算风景；一段情，某件事，能占据记忆的，皆是幸福。等走远了再回望才发现，挫败让人坚强，别离令人珍惜，伤痛使人澄清。再美好的东西，你也无法拥有太久，得到的都是短暂；失去的曾经，亦不必太留恋，只有从过去中站起，明天才会有希望。

人生就在得失间

人生本就是在得失间度过，擦亮你的智慧之眼，在取舍间做出一个正确的选择。

我们做人做事，如果一点都放不开，什么也舍不得的话，很可能就什么也得不到；你捡起一块大石头之后总也放不下的话，双手就不能用来干别的事了。

而一个人的精力总是有限的，如果什么都想得到，心太散，则很可能什么也得不到，什么事也做不成。有的人总幻想做遍世上的一切工作，那太不现实了。人还是一辈子只做几件事好，但是要把那几件做得像个样子。

在梦中的天姥山的石阶上，脚着谢公履，看海日，闻天鸣，醒来便仰天长啸出门去，不肯摧眉折腰事权贵的李白选择了骑鹿游名山，失去了权势，却得到了开心颜。

在南山蜿蜒的小路上，东篱下，一个采菊的身影，挥罢衣袖，吟道："少无适俗韵，性本爱丘山。"在误落尘网三十年后，陶渊明选择了守拙归田园，失去了五斗米，却挺直了他的脊梁。

在惶恐滩头，在零丁洋里，文天祥一身浩然正气，不被利禄所惑，不为强暴所服，失去了生命，却得到了千古赞颂。

不是一切失去都只意味着缺憾。

在国家生死存亡的关头，为了个人的恩怨，为了一己之私，秦桧谗言献媚，一句“莫须有”，断送了宋国大好河山。是的，他得到了满足，却留下了千古骂名。

在列强任意践踏我们民族的危难中，为了荣登大宝，圆皇帝梦，袁世凯泯灭良知，断然签下了旨在灭亡中国的“二十一条”。是的，他得到了帝国主义的支持，最终却在绝望中死去。

在国家蓬勃发展的时候，在人民需要体恤的时候，为了金钱，为了虚荣，贪官们忘记了信仰，背叛了人民，伸出了贪污之手。是的，他们得到了一时的荣华，却最终难逃法网。

在人生道路上，在花花世界里，你是否看清：不是一切失去都意味着缺憾，不是一切得到都意味着圆满。

不要为失去的追悔伤心，也许失去意味着更好的得到，只要你选择的是纯洁而又美好的理想；不要为得到的而沾沾自喜，也许得到代表着你失去了更多，如果你选择的是虚荣而又自私的目标。

得与舍的关系是很微妙的，一个人一生中可能只能得到有限的几样东西，甚至几点东西。而这些东西可能要用一生的时间来换取，所以在这个意义上人生是个悲剧。这个世界上有那么多美好的东西，可是那一切好像与你无关，它对于你只是作为一种诱惑出现，你只能眼睁睁看着别人将它拿走。如果一点都放不开，什么都舍不得，什么都想得到，就会活得很累。可是你本来就一无所有，甚至这世界上本来就无你，从这点看，你已经获得了几样东西，最起码获得了生命，和来世界走一遭的体验。上帝对你还是不错的，起码你在这个美好纷繁的世界上旅游了这些年，所以你看，你是不是又得到了许多？

参透了得与失，就不会得意忘形，也不会悲观失望；有了一颗平常心，一颗从容心，就可以做事了。

取舍必有得失

人生无处不是选择，既然无法拥有一切，那就会有取有舍；若要贪全，恐怕最后只能是一无所得。

世间事，凡有一得必有一失，凡有一失必有一得。

如风来自农村，在他高中毕业的时候，家里的积蓄已经不多，为了不让家里的负担更重，进了大学，他就申请了助学贷款。还在大学里就读的他在一家房地产公司兼职，通过努力工作，他逐渐从一个普通的业务员做到了店面经理。学习与工作的压力让他感到身心疲惫。这个时候，一个女孩走入了他的视线。她坦诚率直的个性深深地吸引了如风，他们无所不谈，如风向她诉说自己在工作与学习中的烦恼，她总能够安慰并且鼓励如风，这也使得如风心里的阴霾一扫而光。随着一天天的交往，聊天的内容也超越了普通朋友的范围，后来他们确立了恋爱关系。

快过春节的时候，女孩因家里逼婚，跑了出来。如风让她和自己一起回家过春节，女孩同意了。他们一起回到了如风贫困的老家。女孩自小生活优越，被家人当千金大小姐般疼着护着，可她并没有大小姐的脾气。她喜欢吃辣，如风家几乎不沾辣，她对此从不抱怨，别人问起时她总说好吃。看到家里一些与她生活习惯不合的地方，她从不皱一下眉头。如风的家人都喜欢她，并且认同她。父亲嘱咐如风要好好对待女孩，并告诫他说，如果失去了她将是如风一辈子的损失。

回到城市之后，他们住在了一起。他去上班，女孩就在家里做好饭等他回来。每次下班回来，一上楼，她就会出现在楼梯口，微笑着看如风。后来，如风工作得很拼命，工作占据了他的大部分时间与精力，有些顾不上女孩。他害怕过那种没有钱的贫困生活，他想通过自己的努力让家人过上好日子。

这个时候，女孩怀孕了，如风觉得自己还那么年轻，事业才刚刚起步，无论是金钱还是精力上都负担不起这个孩子。在他的劝说下，女孩最终同意打掉孩子。女孩一个人在一个偏僻的医院里，把孩子做掉了，这个时候，如风为了能赚足够多的钱开了一家属于自己的公司，他更加忙碌了。在女孩最脆弱、最需要他的时候，他却没有陪在她的身旁，这种伤害也许比身体上的伤害来得更加强烈，也更加持久。

女孩因为孩子的事情恨如风，最终离如风而去。如风现在拥有了自己的房地产公司，虽然现在已经步入轨道，业绩也越来越好，但自从女孩走后，他做什么都提不起精神，觉得所做的一切都不再有意义了。他想要离开自己所在的城市，到一个新的环境里开始新的生活。

故事说到这里，不知你看过之后有何感触：如风拥有了自己一直以来渴望得到的金钱，在追求金钱的道路上，他失去了自己的女友。现在他有钱了，可心底里的那份深深的内疚与自责恐怕会伴随他一生。如果当初对待金钱，他能够拿得起放得下一点，不是那么强烈地想要有钱，多花些精力在女友身上，结果就会有所不同。有些时候放弃金钱也是另外一种获得，比方如风，他就会获得爱情，或许他不会有很多钱，但是，相信他会比现在开心快乐很多。

人生恰如一杯清茶，舍得才知其清甜，放下才闻其香郁！懂得放下就懂得生活，懂得生活必定玩转人生。人生就如放飞气球，舍得才知其自由，放下才感其奔放！

有些错过未必不美丽

别再为错过劳神伤心，我们错过了美丽，收获的却并不一定是遗憾，有时甚至可能是圆满！

生活中有一种痛苦叫错过。人生中一些极美、极珍贵的东西，常常与我们失之交臂，这时的我们总会因为错过美好而感到遗憾和痛苦。其实喜欢一样东西未必非要得到它，俗话说：“得不到的东西永远是最好的。”

当你为一份美好而心醉时，远远地欣赏它或许是最明智的选择，错过它或许还会给你带来意想不到的收获。

我们匆匆行走于这个世界时，是否可以将一路的美景尽收眼底？是否可以将世间珍品都收归己有？不，不可能，甚至大多数的时候我们常常错过它们。于是，人生便有了“遗憾”这一词组。仔细想想，遗憾能给你留下什么？除了一种难以诉说的隐痛，似乎没有任何好处。所以，不要让自己总是怀有这种隐痛，佛法讲“万事随缘”，既然你与之无缘，那就随它自去吧！

岁月会把拥有变为失去，也会把失去变为拥有。你当年所拥有的，可能今天正在失去，当年未得到的，可能远不如今天你正拥有的。有时候错过正是今后拥有的起点，而有时拥有恰恰是今后失去的理由。

美国哈佛大学要在中国招一名学生，这名学生的所有费用由美国政府全额提供。初试结束了，有30名学生成为候选人。

考试结束后的第10天，是面试的日子。30名学生及其家长云集锦江饭店等待面试。当主考官劳伦斯·金出现在饭店的大厅时，一下子被大家围了起来，他们用流利的英语向他问候，有的甚至还迫不及待地向他做自我介绍。这时，只有一名学生，由于起身晚了一步，没来得及围上去，等他想接近主考官时，主考官的周围已经是水泄不通了，根本没有插空而入的可能。

于是他错过了接近主考官的大好机会，他觉得自己也许已经错过了机会，于是有些懊丧起来。正在这时，他看见一个外国女人有些落寞地站在大厅一角，目光茫然地望着窗外，他想：身在异国的她是不是遇到了什么麻烦，不知自己能不能帮上忙。于是他走过去，彬彬有礼地和她打招呼，然后向她做了自我介绍，最后他问道："夫人，您有什么需要我帮助的吗?"接下来两个人聊得非常投机。

后来这名学生被劳伦斯·金选中了，在30名候选人中，他的成绩并不是最好的，而且面试之前他错过了跟主考官交流、加深自己在主考官心目中印象的最佳机会，但是他却无心插柳柳成荫。原来，那位异国女子正是劳伦斯·金的夫人，这件事曾经引起很多人的震动：原来错过了美丽，收获的并不一定是遗憾，有时甚至可能是圆满。

人生要留一份从容给自己，这样就可以对不顺心的事处之泰然；对名利得失，顺其自然。要知道世上所有的机遇并不都是为你而设的，人生总是有得有失，有成有败，生命之舟本来就是在得失之间浮沉！美丽的机会人人珍惜，然而我们却并非都能抓住，错过了的美丽不一定就值得遗憾。

从前，一位旅行者听说有一个地方景色绝佳，于是他决定不惜一切代价也要找到那个地方，一饱秀色。可是经历了数年的跋山涉水、千辛万苦后，他已相当疲惫，但目的地依然遥遥无期。这时，有位老者给他指了一条岔路，告诉他美丽的地方很多很多，没必要沿着一条路走到底。他按老者的话去做了，不久他就看到了许多异常美丽的景色，他赞不绝口，流连忘返，庆幸自己没有一味地去找寻梦中那个美丽的地方。

生活就是如此，跋涉于生命之旅，我们的视野有限，如果不肯错过眼前的一些景色，那么可能错过的就是前方更迷人的景色，只有那些善于舍弃的人，才会欣赏到真正的美景。

有些错过会诞生美丽，只要你的眼睛和心灵始终在寻找，幸福和快乐很快就会来到。只是有的时候，错过需要勇气，也需要智慧。

喜欢一样东西不一定非要得到它。有时候，有些人为了得到他喜欢的东西，殚精竭虑，费尽心机，更有甚者可能会不择手段，以致走向极端。也许他在拼命追逐之后得到了自己喜欢的东西，但是在追逐的过程中，他失去的东西也无法计算，他付出的代价应该是很沉重的，是其得到的东西所无法弥补的。

为了强求一样东西而令自己的身心疲惫不堪，这很不划算，况且有些东西一旦你得到以后，日子一久或许就会发现它并不如原本想象中的好。如果再发现你失去的比得到的东西更珍贵的时候，你一定会懊恼不已。俗话说："得不到的东西永远是最好的。"所以，当你喜欢一样东西时，得到它也许并不是最明智的选择，而错过它却会让你有意想不到的收获。总之，人生需要一点随意和随缘，不为失去了的遗憾，也不为希求着的过于执着。

许多的心情，可能只有经历过之后才会懂得，如感情，痛过了之后才会懂得如何保护自己，傻过了之后才会懂得适时的坚持与放弃，在得到与失去的过程中，我们慢慢认识自己，其实生活并不需要这么些无谓的执着，没有什么真的不能割舍的，学会放弃，生活会更容易！

因此，在你感觉到人生处于最困顿的时刻，也不要为错过而惋惜。失去的折磨会带给你意想不到的收获。花朵虽美，但毕竟有凋谢的一天，请不要再对花长叹了。因为可能在接下来的时间里，你将收获雨滴的温馨和戏雨的浪漫。

得来失去皆有因

昨日渐远，你会发现，曾经以为不可放手的东西，只是生命中的一块跳板而已，跳过了，你的人生就会变得更精彩。人在跳板上，最艰难的不是跳下来的那一刻，而是在跳下来之前，心里的犹豫、挣扎、无助和患得患失，那种感觉只有自己才能体会得到。同样，没有什么东西是不可或缺的，学会为所失去的感恩，幸福的阳光就会洒满你的心扉。

得与失一如小舟的两支桨、马车的两只轮，得失只在一瞬间。失去春天的葱绿，却能够得到丰硕的金秋；失去青春岁月，却能使我们走进成熟的人生……失去，本是一种痛苦，但也是一种幸福，因为失去的同时也在获得。

所以得到与失去、追求与放弃，是现实生活中再平常不过的事情了，我们应该以一种平常、豁达的心态去看待。

正所谓“祸兮福之所倚”！当我们遭受磨难时，请敞开胸怀、放眼未来，不要悲观、不要抱怨，这便是“福”的开端。

在一个王国里，有位大臣特别聪明，而这位大臣也因他的聪明受到国王格外的宠爱与信任。

这位聪明的大臣不论遇上什么事，总是愿意去看事物好的那一面，因此，别人给了他一个雅号“必胜大臣”。

国王热爱打猎，有一次在追捕猎物的过程中，弄断了一节食指。国王剧痛之余，立即召来“必胜大臣”，征询他对这件意外断指的看法。

“必胜大臣”仍本着他的作风，轻松自在地告诉国王，这应是一件好事。

国王闻言大怒，认为“必胜大臣”在嘲讽自己，立时命左右将他拿下，关到监狱里待斩。

“必胜大臣”听后，笑着说：“您不敢杀我，总有一天您还得把我放出来。”国王听了怒色道：“来人，给我拉出去斩了。”但想一想道：“先押入死牢。”就这样“必胜大臣”被关到死牢。

国王的断指痊愈之后，忘了此事，又兴冲冲地忙着四处打猎。却不料带队误闯邻国国境，被丛林中埋伏的一群野人活捉。

依照野人的惯例，必须将活捉的这队人马的首领献祭给他们的神，于是便抓了国王放到祭坛上。正当祭奠仪式开始，主持仪式的巫师突然惊呼起来。

原来巫师发现国王断了一截的食指，而按他们部族的律例，献祭不完整的祭品给天神，是会受天谴的。野人连忙将国王解下祭坛，驱逐他离开，另外抓了一位同行的大臣献祭。

国王狼狈地回到朝中，庆幸大难不死，忽然想到“必胜大臣”曾说过的话，立刻将他由牢中释放，并当面向他道歉。

有舍有得，舍与得是生活的两面。得到了这一面，就必然会舍去另一面。正如福祸相依一样。世界上有许多人因为各种原因失去了他们本该拥有的，也得到了别人无法得到的。

海伦·凯勒出生于美国亚拉巴马州的一个小镇，她从小聪明过人，但在19个月大的时候，一场暴病残酷地夺去了她的视、听、说能力。后来她在家庭教师莎莉文小姐的帮助下，靠着日复一日、年复一年的奋力拼搏，不但学会了读书、写作、说话，而且上了大学，并最终克服常人无法想象的困难，成为一名举世瞩目的大作家，著有《我生活的故事》等共14部作品，许多国家授予了她荣誉学位和勋章。她的著作不仅被译成了布莱叶盲文，而且还译成了其他各种语言在全世界出版发行，她的事迹不但鼓舞了全球的残疾人，而且也鼓舞着无数健全的人。通过她那传奇的人生经历，人们对她身上那坚强的品质钦佩不已，这个双目失明的聋哑人，战胜三重残疾而创造了人生辉煌的传奇般经历，激励着一代又一代的人去为美好的明天而努力，去寻找自己在困境中更辉煌的生存方式。

海伦是不幸的。但因为这种不幸，使得她更渴望得到一种承认。所以，可以说苦难给了她不幸，同时也教给了她微笑面对生活让自己创造奇迹的勇气。相对于海伦而言，我们多数人是幸运的，而我们没有做出太大的成就是因为我们大多数人都存在着心理惰性。当然，也不是说因为有了类似海伦的经历就是好的。而是说这个世界其实一直都在遵守着能量守恒定律。生活让你失去了一部分，就必然会在另一部分中给你补偿。

有一个10岁的小男孩在一次车祸中失去了左臂，但是他很想学柔道。最终，小男孩拜一位日本柔道大师为师，开始学习柔道。他学得不错，可是练了3个月，师父只教了他一招，小男孩有点弄不懂了。

一天，他终于忍不住问师父："我是不是应该再学些其他招式?"师父回答说："不，你只需要会这一招就够了。"小男孩并不是很明白，但他很相信师父，于是就继续照着练了下去。

几个月后，师父第一次带小男孩去参加比赛。小男孩自己都没有想到居然轻轻松松地赢了前两轮。第三轮稍稍有点艰难，但对手还是很快就变得有些急躁，连连进攻，小男孩敏捷地施展出自己的那一招，又赢了。就这样，小男孩迷迷糊糊地进入了决赛。

决赛的对手比小男孩高大、强壮许多，也似乎更有经验。关键时刻，小男孩显得有点招架不住了。裁判担心小男孩会受伤，就叫了暂停，还打算就此终止比赛，然而师父不答应，坚持说："继续下去!"

比赛重新开始后，对手放松了戒备，小男孩立刻使出他的那招，制伏了对手，最终获得了冠军。

在回家的路上，小男孩和师父一起回顾每场比赛的每一个细节，小男孩鼓起勇气道出了心里的疑问：“师父，我怎么能仅凭一招就赢得了冠军？”

师父答道：“有两个原因：第一，你几乎完全掌握了柔道中最难的一招；第二，据我所知，对付这一招唯一的办法是对手抓住你的左臂。”

生活就是这样，有时缺陷可以变成优势。所以，当你拥有缺陷时，不要为此忧伤，因为生活本来就有它的两面性。谁都无法逃离这个规则。

毋庸置疑，在人这一生中，必然要经历无数的失去，当我们失去了曾经拥有的美好时光，我们总是会更加感叹人生路的难走。其实大可不必如此，不管人生的得与失，我们都应致力于让自己的生命充满亮丽与光彩。

不再为失去掉眼泪，笑对明天的生活，努力活出自己的精彩，前途也会是一片光明。

一个商人在翻越一座山时，遭遇了一个拦路抢劫的山匪。商人立即逃跑，但山匪穷追不舍。走投无路时，商人钻进了一个山洞里。山匪也追进了山洞里。

在洞的深处，商人未能逃过山匪的追逐。黑暗中，他被山匪逮住了，遭到了一顿毒打，身上所有钱财，包括一把准备夜间照明用的火把，都被山匪掳去了。

“幸好山匪并没有要我的命！”商人为失去钱财和火把沮丧了一阵之后，突然想开了。之后，两个人各自寻找着山洞的出口。

这山洞极深极黑且洞中有洞，纵横交错。两个人置身于洞里，像置身于一个地下迷宫。山匪庆幸自己从商人那里抢来了火把，于是他将火把点燃，借着火把的亮光在洞中行走。火把给他的行走带来了方便，他能看清脚下的石块，能看清周围的石壁，因而他不会碰壁，不会被石块绊倒。但是，他走来走去，就是走不出这个洞。最终，他力竭而死。

商人失去了火把，没有了照明，但是他想：“我还有眼睛呢。”于是，他在黑暗中摸索着，行走得十分艰辛。他不时碰壁，不时被石块绊倒，跌得鼻青脸肿。但是，正因为没有了火把的照明，使他置身于一片黑暗之中，这样他的眼睛就能够敏锐地感受到洞口透进来的微光，他迎着这缕微光摸索爬行，最终逃离了山洞。

后来，商人还暗自庆幸山匪抢走了他的火把，否则他也很可能会像山匪那样困死在洞中。

塞翁失马，焉知非福。很多人因为失去才有了更好的获得，得来失去皆有因。

洒脱地活着

得失成败，人生在所难免；潇洒来去，苦乐皆成人生滋味。

人生征途上，要懂得追求，也要学会放弃，特别是在人生的节骨眼上举重若轻，拿得起，放得下，这样才能拥有美丽幸福的人生。

在人生旅程中，的确有很多东西都是靠努力打拼得来的，因其来之不易，所以我们不愿意放弃。比如让一个身居高位的人放下自己的身份，忘记自己过去所取得的成就，回到平淡、朴实的生活中去，肯定不是一件容易的事情。但是有时候，你必须放下已经取得的一切，否则你所拥有的反而会成为你生命的桎梏。

有这样一个故事：

一个和尚肩上挑着一根扁担信步而走，扁担上悬挂着一个盛满绿豆汤的瓷壶。他不慎失足跌了一跤，瓷壶掉落到地上摔得粉碎，这个和尚仍若无其事地继续往前走。

这时，有一个人急忙跑过来激动地说：“你不知道瓷壶已经破了吗?”

“我知道。”和尚不慌不忙地回答道。

"那么你怎么不转身，看看该怎么办?"

"它已经破碎了，汤也流光了，你说我还能怎么办?"

生命的整个过程总不会是一帆风顺，成与败，得与失，都是这过程的装饰，一路走来繁花似锦也好，萧瑟凄凉也罢，终究会成为过眼云烟，重要的是自己心里的感受。

《茶馆》中常四爷有句台词："旗人没了，也没有皇粮可以吃了，我卖菜去，有什么了不起的?"他哈哈一笑。可孙二爷呢："我舍不得脱下大褂啊，我脱下大褂谁还会看得起我啊?"于是，他就永远穿着自己的灰大褂，可他就没法生存，他只能永远伴着他那只黄鸟。

生活中，很多人舍不得放下所得，这是一种视野狭隘的表现，这种狭隘不但使他们享受不到得到的幸福与快乐，反而会给他们招来杀身之祸。

秦朝的李斯，就是这样一个很好的例证。他曾经位居丞相之职，一人之下，万人之上，荣耀一时，权倾朝野，虽然他在达到权力地位顶峰之时，曾多次回忆起恩师"物忌太盛"的话，希望回家乡过那种悠闲自得、无忧无虑的生活，但由于贪恋权力和富贵，所以始终未能离开官场，最终被奸臣陷害，不但身首异处，而且殃及三族。李斯是在临死之时才幡然醒悟的，他在临刑前，拉着二儿子的手说："真想带着你哥和你，回一趟上蔡老家，再出城东门，牵着黄犬，逐猎狡兔，可惜，现在太晚了!"

心理专家分析，一个人若是能在适当的时间选择做短暂的“隐退”，不论是自愿的还是被迫的，都是一个很好的转机，因为它能让你留出时间观察和思考，使你在独处的时候找到自己内在的真正的世界。尽管掌声能给人带来满足感，但是大多数人在舞台上的时候，其实却没有办法做到放松，因为他们正处于高度的紧张状态，反而是离开自己当主角的舞台后，才能真正享受到轻松自在。虽然失去掌声令人惋惜，但“隐退”是为了进行更深层次的学习，一方面挖掘自己的潜力，一方面重新上发条，平衡日后的生活。

某著名作家曾经做过杂志主编，翻译出版过许多知名畅销书，她在40岁事业最巅峰的时候退下来选择了当个自由人，重新思考人生的出路，后来她说：“在其位的时候总觉得什么都不能舍，一旦真的舍了之后，才发现好像什么都可以舍。”

事实上，全身而退是一种智慧和境界。为什么非要得到一切呢？活着就是老天最大的恩赐，健康就是财富，你对人生要求越少，你的人生就会越快乐。对于我们这些平凡人来说，能怀一颗平常善良之心，淡泊名利，对他人宽容，对生活不挑剔、不苛求、不怨恨。富不行无义，贫不起贪心，这就是一种人生的练达。

六、放开自己，别让爱变成痛苦

伤害过你的人，你可以原谅他，但不必轻易言欢，任何伤痕都难以瞬间愈合；背叛过你的人，你可以遗忘他，但无须苦苦挽回，心不在一起，还是趁早分道扬镳；再喜欢一个人，若他对你视而不见，那就决绝地错过，情感中若有卑微，尊严就无处可寻。别让爱情变成一种痛——如果你不爱一个人，请放手，好让别人有机会爱他。如果你爱的人放弃了你，请放开自己，好让自己有机会爱别人。

最难说清便是爱

缘聚缘散总无强求之理。世间人，分分合合，合合分分谁能预料？该走的还是会走，该留的还是会留。一切随缘吧！

爱情全仗缘分，缘来缘去，不一定需要追究谁对谁错。爱与不爱又有谁可以说得清？当爱着的时候只管尽情地去爱，当爱失去的时候，就潇洒地挥一挥手吧，人生短短几十年而已，自己的命运把握在自己手中，没必要在乎得与失，拥有与放弃，热恋与分离。

失恋之后，如果能把诅咒与怨恨都放下，就会懂得真正的爱。虽然在偶尔的情景下依然不免酸楚、心痛。

卢梭11岁时，在舅父家遇到了刚好大他11岁的德·菲尔松小姐，她虽然不很漂亮，但她身上特有的那种成熟女孩的清纯和靓丽还是将卢梭深深地吸引住了。她似乎对卢梭也很感兴趣。很快，两人便轰轰烈烈地像大人般恋爱起来。但不久卢梭就发现，她对他的好只不过是为了激起另一个她偷偷爱着的男友的醋意——用卢梭的话说“只不过是为了掩盖一些其他的勾当”时，他年少而又过早成熟的心便充满了一种无法比拟的气愤与怨恨。

他发誓永不再见这个负心的女子。可是，20年后，已享有极高声誉的卢梭回故里看望父亲，在波光潋滟的湖面上游玩时，他竟不期然地看到了离他们不远的一条船上的菲尔松小姐，她衣着简朴，面容憔悴。卢梭想了想，还是让人悄悄地把船划开了。他写道："虽然这是一个相当好的复仇机会，但我还是觉得不该和一个40多岁的女人算20年前的旧账。"

爱过之后才知爱情本无对与错、是与非，快乐与悲伤会携手和你同行，直至你的生命结束！卢梭在遭到自己最爱的人无情愚弄后的悲愤与怨恨可想而知，但是重逢之际，当初那种火山般喷涌的愤怒与报复欲未曾复燃，并选择了悄悄走开，这恰好说明世上千般情，唯有爱最难说得清。

如果把人生比作一棵枝繁叶茂的大树，那么爱情仅仅是树上的一颗果子，爱情受到了挫折、遭受到了一次失败，并不等于人生奋斗全部失败。世界上有很多在爱情生活方面不幸的人，却成了千古不朽的伟人。因此，对失恋者来说，对待爱情要学会放弃，毕竟一段过去不能代表永远，一次爱情不能代表永生。

聚散随缘，去除执着心，一切恩怨都将在随水的流逝中淡去。那些深刻的记忆也终会被时间的脚步踏平，过去的就让它过去好了，未来的才是我们该企盼的。

有一种美丽叫忘记

把相恋时的狂喜化成披着丧衣的白蝴蝶，让它在记忆里翩飞远去，永不复返，净化心湖。与绝情无关——唯有淡忘，才能在大悲大喜之后练成牵动人心的平和；唯有遗忘，才能在绚烂已极之后练就处变不惊的恬然。

人的记忆对人本身是一种馈赠，同时也是一种惩罚，心胸宽阔的人，用它来馈赠自己，心胸狭隘的人则用它惩罚自己。

有一座山很高，有师徒二人在山上修行。徒弟很小就来到山上，从未下过山。

徒弟长大后，老和尚带他下山化缘。由于长期离群索居，徒弟见了牛羊鸡犬都不认识。老和尚一一告诉徒弟：“这叫牛，可以耕田；这叫马，人可以骑；这叫鸡，可以报晓；这叫狗，可以看门。”

徒弟觉得很新鲜。

这时，走来一个少女，徒弟惊问：“这又是什么？”

老和尚怕他动凡心，因而正色说道：“这叫老虎，人要接近她，就会被吃掉。”

徒弟答应着。

晚上他们回到山顶，老和尚问："徒儿，你今天在山下看到了那么多东西，现在可还有在心头想念的?"

徒弟回答："别的什么都不想，只想那吃人的老虎。"

人的本性中有一种叫作记忆的东西，美好的容易记着，不好的则更容易记着。所以大多数人都会觉得自己不是很快乐。那些觉得自己很快乐的人是因为他们恰恰把快乐的记着，而把不快乐的忘记了。这种忘记的能力就是一种宽容，一种心胸的博大。生活中，常常会有许多事让我们心里难受。那些不快的记忆常常让我们觉得如鲠在喉。而且，我们越是想，越会觉得难受，那就不如选择把心放得宽阔一点，选择忘记那些不快的记忆，这是对别人，也是对自己的宽容。

拿掉别人脖子上的十字架，就是等于给自己恢复自由身，尤其是在爱情的故事里。

一位美国朋友带着即将读大学的孩子去欧洲旅行，因为那里留有他青春的痕迹，旧地重游，很是亲切，还有一缕说不出的伤感，因为曾失去的爱，就在这里。

和儿子进入大学城内的餐厅用餐，才刚坐下，父亲即面露惊讶神色。原来，这家餐厅的老板娘，竟是当年他在此求学时追求的对象。

20 多年岁月变更，当年的粉面桃花早已不再。父亲告诉儿子说，她是一家酒吧主人的千金，她的笑容与气质深深地吸引着他。虽然女孩父亲反对他们往来，但两颗热恋的心早已融化所有的障碍，他们决定私奔。

这位美国朋友托友人转交一封信给女孩，约定私奔的日期和去向。很遗憾，他等了一天，却没看到女孩出现，只看见满天嘲弄的星辰，怀抱琴弦，却弹奏失望。他只好带着一张毕业证书回到美国。

儿子听得如痴如醉。突然，他问父亲，当年他在信上如何注明日期。因为美国表示日期的方式是先写月份，后写日期；而欧洲是先写日期，再写月份。

父亲恍然大悟，原来自己约定的日期10月11日，女孩却是欧洲的读法，判断为11月10日。一个月的时序误会，因而错失一段美好的姻缘。

20多年来，他一直想用恨来冲淡想念；20多年来，那女孩呢？她一定也在恨那个“薄情郎”。这位年近50岁的美国朋友，很想走过去，告诉老板娘：我们都错了，只为一个日期的误读，不为爱情。

两个对的人，却在错的时候，爱上一回。

最终，这位父亲没有站出来揭开谜底，只是默默地埋单，然后轻松地回家。因为他在心中彻底地为一个爱情中的无辜女主角昭雪。

相信，每个人都希望自己能如孩提时那般无忧无虑。那么，我们就要像孩子一样善于淡忘——淡忘那些该淡忘的人、事、物。学会了淡忘，你就拥有了一把能够斩断坏心绪的利刃。

爱情不是不变的约定

爱情是变化的，任凭再牢固的爱情，也不会静如止水，爱情不是人生中一个凝固的点，而是一条流动的河。

爱情中，聚聚散散、离离合合是一个很正常的事，一如四季交替，阴晴雨雪。一段爱情，未必就是一个完整的故事，故事发生了也未必就会是一个完美的结局。对于爱情，我们不要将它视为不变的约定，曾经的海誓山盟谁又能保证它不会成为昔日的风景？

晓寒和东阳是华南某名牌大学的高才生。他们俩既是同班同学，又是同乡，所以很自然地成了形影不离的一对恋人。

一天东阳对晓寒说："你像仲夏夜的月亮，照耀着我梦幻般的诗意，使我犹如置身天堂。"晓寒也满怀深情地说："你像春天里的阳光，催生了我蛰伏的激情。我仿佛重获新生。"两个坠入爱河的青年人就这样沉浸在爱的海洋中，并约定等晓寒拿到博士学位就结成秦晋之好。

半年后，晓寒负笈远洋到国外深造。多少个异乡的夜晚，她怀着尚未启封的爱情，像守着等待破土的新绿。她虔诚地苦读，并以对爱的期待时时激励着自己的意志。几年后，晓寒终于以优异的成绩获得博士学位，处于兴奋状态的她并未感到信中的东阳有些许变化，学业期满，她恨不得身长翅膀脚生云，立刻就飞到东阳身边，然而她哪里知道，昔日的男友早已和别人搭上了爱的航班。晓寒找到东阳后质问他，东阳却真诚地说："我对你已无往日的情感了，难道必须延续这无望的情缘吗？如果非要延续的话，你我只能更痛苦。"晓寒只好退到别人的爱情背面，默默地舔舐着自己不见刀痕的伤口。

或许我们会站在道义的立场上，为品德高贵、一诺千金的晓寒表示惋惜，但我们又能就此来指责东阳什么呢？怪只能怪爱本身就具有一定的可变性。

其实，缘分这东西冥冥中自有注定，不要执着于此，进而伤害自己。但无论什么时候，我们都不要绝望，不要放弃自己对真、善、美的爱情追求。

是你的就是你的，不是你的就不要强求，过分地执着伤人且又伤己。

聪明人之所以与众不同，就在于他们勇于放开胸怀接受好的一面，更敢于睁大眼睛不怕痛苦地正视坏的一面，他们深知，好的一面的好处众人皆知，坏的一面里蕴含的好处，不是每个人都可以知道的。

不要憎恨你曾深爱过的人，或许他（她）还没有准备好与你牵手，或许他（她）还不过是个不成熟的大孩子，或许他（她）有你所不知道的原因。不管是什么，都别太在意，别伤了自己。

你应该意识到，如此优秀的你，离开他（她）一样可以生活得很好。你甚至应该感谢他（她），感谢他（她）让你对爱情有了进一步的了解，感谢他（她）让你在爱情面前变得更加成熟，感谢他（她）给了你一次重新选择的机会，他（她）的背叛，或许正预示着你将迎接一个更美丽的未来。

是的，只要真心爱过，分开对于每个人而言都是痛苦的。不同的是，聪明的人会透过痛苦看本质，从痛苦中挣脱出来，笑对新的生活；愚蠢的人则一直沉溺在痛苦之中，抱着回忆过日子，从此再不见笑容……

不是每个人都值得你深爱

既然他（她）不懂珍惜你，你又何必去牵挂他（她）？就算分手也要分得有尊严，即便你当初爱得很深，也要干脆一点。让他（她）知道，离开他（她）你一样可以活得很好，让他（她）知道，离开你是他（她）的损失！

爱情是两个原本不同的个体相互了解、相互认知、相互磨合的过程。磨合得好，自然是恩爱一生，磨合得不好，便免不了要劳燕分飞。当一段爱情画上句号，不要因为彼此习惯而离不开，抬头看看，云彩依然那般美丽，生活依旧那般美好。其实，除了爱情，还有很多东西值得我们为之奋斗。

放下心中的纠结你会发现，原本我们以为不可失去的人，其实并不是不可失去。你今天流干了眼泪，明天自会有人来逗你欢笑。你为他（她）伤心欲绝，他（她）却与别人你侬我侬，自得其乐，对于一个已不爱你的人，你为他（她）百般痛苦可否值得？

一个失恋的女孩在公园中哭泣。

一位老者路过，轻声问她："你怎么啦？为什么哭得这样伤心？"

女孩回答："我好难过，为何他要离我而去？"

不料老者却哈哈大笑，并说："你真笨！"

女孩非常生气："你怎么能这样，我失恋了，已经很难过，你不安慰我就算了，还骂我！"

老者回答说："傻瓜，这根本就不用难过啊，真正该难过的应是他！要知道，你只是失去了一个不爱你的人，而他却是失去了一个爱他的人及爱人的能力。"

是的，离开你是他（她）的损失，你只是失去了一个不爱你的人，离开一个不爱你的人，难道你真的就活不下去了吗？不，这个世界上没有谁离不开谁，离开他（她）你一样可以活得很精彩。是的，与其怀念过去，不如好好把握将来，要相信缘分，未来你可能会遇到比他（她）更好的，更懂得珍惜你的人！

有些事，有些人，或许只能够作为回忆，永远不能够成为将来！感情的事该放下就放下，你要不停地告诉自己——离开你，是他（她）的损失！

若是一个人为名利前途而放弃你们之间的感情，你是不是应该感到庆幸呢？很显然，这样的人不值得你去爱。

事实告诉我们，对待感情不可过于执着，否则伤害的只能是自己。

聚散离合只因维度不一样

这个世界是多维、平行的，不同的人生活在不同维度的空间之中，有些人之间注定一生无法交流、无法沟通，就算命运安排他们相遇，如果听不到或者根本无法接纳对方的心声，那在一起又有什么意思？

要知道，“在这场争夺消费者（雌性）的战役中，只有满足消费者需要的雄性方能得到回报，不受雌性欣赏的特性并不能带来好处：雄孔雀有漂亮的尾羽但不能歌唱，能唱得像夜莺一样好的雄孔雀只能浪费时间，因为雌孔雀并没有能聆听歌声的耳朵；同样地，雄夜莺也无法靠长出华丽青蓝尾羽去取悦到雌夜莺。”

用“维度”来阐述爱情，或许有些人会感到难以理解，那么我们说得更通俗一点。回想一下，在你的大学时代有没有发生过这样的事情？

樱花盛开的季节，颇具文艺范儿的学长连续几天弹起他心爱的木吉他，在工科女生宿舍楼下浅吟低唱“我的心是一片海洋，可以温柔却有力量，在这无常的人生路上，我要陪着你不弃不散……”对面文学系的姑娘们眼睛中闪烁着晶亮的光芒，多希望有一位英俊的少年能够为自己如此疯狂，而学长的女神，那位立志成为女博士的姑娘却打开窗，羞涩而坚定地说：“学长，你……你可不可以安静一点，我们还准备考试呢。”

这泼冷水的效果丝毫不亚于那句“我一直把你当哥哥（妹妹）看待”。其实被泼冷水的人也不必灰心丧气，不是你不够优秀，只是你爱慕的对象身处在不同的维度。有时候，你爱的人真的并不适合你，他只是你生命中点燃烟花的人，而烟花的美只缘于瞬间，如果你非要抓住这瞬间但不属于你的美丽，就会像那条最孤独的鲸鱼“52 赫兹”一样。

“52 赫兹”是一头鲸鱼用鼻孔哼出的声音频率，最初于 1989 年被发现记录，此后每年都被美军声呐探测到。因为只有唯一的音源，所以推测这些声音都来自同一头鲸鱼。这头鲸鱼平均每天旅行 47 千米，边走边唱，有时候一天累计唱个 22 小时，但是没有回应。鲸歌是鲸鱼重要的通信和交际手段，据推测不但可以召唤同伴，在交配季节更有“表述衷肠”的作用。导致“52 赫兹”幽幽独自往来的原因，是因为该品种鲸鱼的鲸歌大多在 15 至 20 赫兹，“52 赫兹”唱的歌就算被同类听到，也不解其意，无法回应。

经营爱情的道理也是一样的，找准处在同一维度的对象很重要。孤独的“52赫兹”如果想找到知音，那么可以去唱给频率范围是20到1000赫兹的座头鲸。如果你还是个纯粹爱情的向往者，不巧倾慕了一位脸蛋漂亮但爱慕虚荣的姑娘，那么还是趁早“移情别恋”吧。找一个适合自己的人来爱，才能够爱得轻松、爱得自在、爱得幸福、爱得愉快。

这也是爱情中一个困难的地方，因为选择适合的对象，第一步就是要认清自己的特质，而我们在想要恋爱的时候，往往只注意打量对方，却忘了看自己。也许对方真的很优秀，但未必与你的特质相容；也许对方与你想象中的完美形象有差距，但是难道自己就没缺点吗？所谓适合自己的人，并不是说就是相对最完美或者条件最好的人，而是那个能与你心有灵犀、相互包容、共同分享人生远景的人。

如果你准备把爱情提升到婚姻的高度，那么这个问题更要谨慎对待，最起码你要确定两个人的人生观相差无几，这是婚姻能否幸福的关键因素。

譬如这样两对夫妇，一对奉行享乐主义，对所有的娱乐和旅游项目都积极倡导；而另一对是谨慎的节约主义者，为防老，为育子，就是坐公车还得考虑是地铁省钱还是大巴省钱。两对夫妇各得其所，日子过得都很甜蜜。但是，我们设想一下，如果把他们的伴侣置换一下，后果又会怎样？恐怕会家无宁日吧。

那么，我们认识很多人，特质各异的，哪一个才是适合你的呢？

其实，你是哪种特质没关系，最重要的是他（她）与你的特质不相悖，你们在人生的理念上是一致的。除此之外，还有一个重要的参考因素，不是脾气，不是性格，也不是谁的爸妈能够做可以倚靠的参天大树，而是你能否在对方面前做到真实的放松。

即你可以在对方面前做到不洗脸、不刷牙，却怡然自乐；你可以肆无忌惮地放声大哭；你可以在满腹委屈的时候在他（她）面前露出不端庄的一面……而这些，他（她）统统都能够接纳、包容。

其实，在爱情这个问题上，没有什么绝对好或者绝对不好的人，只有适合或者不适合你的人。相处是一门很深的学问，他很好，但也许真的不适合你；她也很好，但你真的不适合她。如果是这样，不要做固执的“52赫兹”，闭上眼睛想一下：哪个才是真正适合你的人？

七、一花凋零，荒芜不了整个春天

人生没有苦难，只有经历。好多事，你要觉得累，那就真累，你要不当回事，也就不是事了。生活苦不苦，看你用什么样的心态去看。自己喜欢，苦便不是苦，而是带着汗水的甜。所以，别在树下徘徊，别在雨中沉思，别在黑暗中落泪。向前看，不要退缩，只要你勇于面对抬起头来，就会发现，分手的阴霾不过是短暂的雨季。向前看，还有一片明亮的天，不会使人感到彷徨。

事实并没有想象的那么糟

与痛苦共舞，我们才能看清造成痛苦来源的本质，明白内在真相。更重要的是，它能让我们学到该学的功课。

没有人生来就注定是个失败者，在人生这个竞技场上，能否超越自我，脱颖而出，关键要看你对于生活抱有一种什么样的态度，关键要看你怎样去经营自己的人生。那些只知怨天尤人、不思进取的人，将注定被淘汰。

事实上，这世界根本就没有过不去的坎儿，一时的失意绝不意味着失意一生。你要知道，在这个世界上，很多人远比你还要不幸！

有个穷困潦倒的销售员，每天都在抱怨自己“怀才不遇”，抱怨命运捉弄自己。

圣诞节前夕，家家户户热闹非凡，到处充满了节日的气氛。唯独他冷冷清清，独自一人坐在公园的长椅上回顾往事。去年的今天，他也是一个人，是靠酒精度过了圣诞节，没有新衣、没有新鞋，更别提新车、新房子了，他觉得自己就是这世界上最孤独、最倒霉的那一个人，他甚至为此产生过轻生的念头！

“唉，看来，今年我又要穿着这双旧鞋子过圣诞节了！”说着，他准备脱掉旧鞋子。这时，“倒霉”的销售员突然看到一个年轻人滑着轮椅从自己面前经过。他顿时醒悟：“我有鞋子穿是多么幸福！他连穿鞋子的机会都没有啊！”从此以后，推销员无论做什么都不再抱怨，他珍惜机会，发愤图强，力争上游。数年以后，推销员终于改变了自己的生活，他成了一名百万富翁。

很多人天生就有残缺，但他们从未对生活丧失信心，从不怨天尤人，他们自强自立、不屈不挠，最终战胜了命运。可有些人，生来五官端正，手脚齐全，但仍在抱怨生活、抱怨人生，相比之下，难道我们不感到羞愧吗？丢开抱怨，用行动去争取幸福，你要明白：纵然是一双旧鞋子，但穿在脚上仍是温暖、舒适的，因为这世界上还有人连穿鞋的机会都没有！

当然，在麻烦、苦难出现时，人总会感觉内心不安或是意志动摇，这是很正常的。面临这种情况时，就必须不断地自励自勉，鼓起勇气，信心百倍地去面对，这才是最正确的选择。

有一名叫鲁奥吉的青年，他在20岁那年骑摩托车出事，腰部以下全部瘫痪。鲁奥吉在事后回忆说：“瘫痪使我重生，过去我所有做的事都必须从头学习，就像穿衣、吃饭，这些都是锻炼，需要专注、意志力和耐心。”

鲁奥吉却以极极面对人生的态度声称，以前自己不过是个浑浑噩噩的加油站工人，整天无所事事，对人生没什么目标。车祸以后，他经历的乐趣反而更多，他去念了大学，并拿到语言学学位，他还替人做税务顾问，同时也是射箭与钓鱼的高手。他强调，如今，“学习”与“工作”是他所选择的最快乐的两件事。

的确，生命中收获最多的阶段，往往就是最难挨、最痛苦的时候，因为它迫使你重新检视反省，替你打开了内心世界，带来更清晰、更明确的方向。

要想生命尽在掌控之中是件非常困难的事情，但日积月累之后，经验能帮助你汇集出一股力量，让你愈来愈能在人生赌局中进出自如。很多灾难在时过境迁之后回头看它，会发现它并没有当初看来那么糟糕，这就是生命的成熟与锻炼。

是“炼狱”让他们更强大

刚毅拯救了尘俗边缘的灵魂，摒弃了世俗的舒适和安逸带来的贪恋、犹疑、怯懦，所有的困厄在其面前最终只能销声匿迹。

刚毅体现壮美，这种壮美势必扬弃盲目的追求和取舍，让思想更深刻、心灵更坚韧、品德更高尚。

帕瓦罗蒂是一个从小生长在家境十分贫寒中的苦孩子，有一个做面食师的父亲，雪茄厂做工人的母亲，收入的微薄却从未动摇过一个孩子对歌唱的执着。

声乐课后的帕瓦罗蒂还要做每个月仅 8 美元的家教，这对他是杯水车薪。于是他又做保险，却又因此导致声带受损，无法发音。这对于他无异于雪上加霜。疾病几乎令他却步！但他的骨子里却一直涌动着顽强不息的斗志。

痊愈后的帕瓦罗蒂开始在意大利一家歌剧院演出。他备受排挤、压制，表演的机会少得可怜，但他始终没有放弃潜心苦练。1963 年世界著名指挥家冯·卡拉发现了这个人才。在 1970 年《军中女郎》的一个咏叹调，他以一连串爆发 9 个高音 C 的奇迹，征服了美国音乐人赫伯特·布莱斯林，同时也征服了世界。一个穷孩子成长为男高音歌唱家，靠的就是与困境进行顽强斗争的精神。

弥尔顿有句名言："谁最能忍受苦难，谁的能力最强。"乘风破浪，顽强拼搏。苦难或许是上帝送给人最好的礼物，通过艰苦磨炼才会产生不屈不挠的人。

苦难往往是经过化妆的幸福。苦难往往是令人心酸的，但是它是有益于身心的。不屈不挠的人是自信的，他的人生字典写满成功；不屈不挠的人是刚强的，他总有一个支撑自己的精神支柱。最高尚的品格是不屈不挠磨炼出来的，一颗坚韧而又刚毅的心灵从炼狱般的锻造所获取的要比从安逸享受产生的成功多得多。

同一种命运，对刚毅的人和懦弱的人会有不同的结局。懦弱的人屈从命运，刚毅的人用不屈不挠的精神改造命运，锻造人生。

莎莉·拉斐尔是美国著名的电视节目主持人，曾经两度获奖，在美国、加拿大和英国每天有800万观众收看她的节目。可是她在30年的职业生涯中，却曾被辞退18次。

刚开始，美国大陆的无线电台都认定女性主持不能吸引观众，因此没有一家愿意雇用她。她便迁到波多黎各，苦练西班牙语。有一次，某国发生暴乱事件，她想去采访，可通讯社拒绝她的申请，于是她自己凑够旅费飞到那里，采访后将报道卖给电台。

1981年，她被一家纽约电台辞退，无事可做的时候，她有了一个节目构想。虽然很多家广播公司觉得她的构想不错，但因为她是女性，还是没有公司愿意雇用她。最后她终于说服了一家公司，受到了雇用，但她只能在政治台主持节目。尽管她对政治不熟，但还是勇敢尝试。1982年夏，她的节目终于开播。她充分发挥自己的长处，畅谈7月4日美国国庆对自己的意义，还请观众打来电话互动交流。令人想不到的是，节目很成功，观众非常喜欢她的主持方式，所以她很快成名了。

当别人问她成功的经验时，她发自内心地说："我被人辞退了18次，本来大有可能被这些遭遇所吓退，做不成我想做的事情。结果相反，我让它们鞭策我前进。"

正是这种不屈不挠的性格使莎莉在逆境中避免了一蹶不振、默默无闻的一生，走向了成功。

抓住困境的“刀柄”

困难可以将一个人击垮，也可以使一个人重新振作。这取决于你如何去看待和处理困难。

美国著名作家罗威尔曾说过：“人世中不幸的事如同一把刀，它可以为我们所用，也可以把我们割伤。关键要看你握住的是刀刃还是刀柄。”

遇到困难时，如果握着“刀刃”，就会割到手；但是，如果握住“刀柄”，就可以用来割东西。

在我们讨论处理困难之前，首先应该明白，人生中能够遇到困难，有很多是值得你高兴的事情。若没有了这些，人生就不成其为人生。虽然困境有其令人难以接受的一面，但它是人生成长及把握方向不可缺少的磨炼。

事实上，困境正是人生的标记之一，难题愈多，愈能显示它是人生的一部分。

在处理难题时，首先你必须要冷静，尽量沉着应对。如果你的内心无法保持冷静，就无法有效处理它。通常我们遇到难题时总是急躁不安，总是想着这些问题必须立刻解决，必须采取某些行动。然而当你心慌意乱时，想要找出理性的答案是不太可能的。你唯有平静下来，才能真正地面对难题，这才是理性的思考。

换句话说，你必须比所遇到的困难更高更壮。

积极心态的伟大功效之一是，它教导人们停止与自己对抗。事实上，很多人必须练习如何战胜自己。因为，如果他们坚信自己无法处理自己的困境，那么他们已经被自己的心灵击败了。

很多杰出的领导人都遵循这条人生哲学，艾森豪威尔总统曾讲述他早年把自己的母亲看作是认识的人中最明智的人，她的明智来源于她的宗教信仰。她在家庭里制造出这种神奇的力量，而她就是这种力量的中心。

艾森豪威尔回忆说，有一天，一家人晚上玩牌，他埋怨自己手气不好。母亲突然停下，告诉他玩牌的时候要接受自己抓来的牌，并说明生活也是这样，上帝为每个人发牌，而你只能尽自己最大努力玩好自己的牌。

艾森豪威尔从来没有忘记过这条教诲，并且一直遵循它。

发明家爱迪生也是奉行这个法则的伟人，他也是一个坚毅、积极的思考者。他的儿子查尔斯·爱迪生在任新泽西州的州长时，曾讲述有关他父亲的一段精彩的故事。

一个不幸的晚上，西橘城规模庞大的爱迪生工厂遭大火，工厂几乎全毁了。那一晚，老爱迪生损失了200万美元，他许多精心的研究也付之一炬。更令人伤痛的是，他的工厂保险投资很少，每一块钱只保了一角钱，因为那些厂房是钢筋水泥所造，当时人们认为那是可以防火的。

查尔斯·爱迪生当时24岁，他的父亲已经67岁。当小爱迪生紧张地跑来跑去找他的父亲时，他发现父亲站在火场附近，满面通红，满头白发在寒风中飘扬。查尔斯说："我的心情很悲痛，他已经不再年轻，所有的心血毁于一旦，可是他一看到我却大叫：'查尔斯，你妈呢？'我说：'我不知道。'他又在叫：'快去找找，立刻找她来，她这一生不可能再看到这种场面了。'"

隔天一早，老爱迪生走过火场，看着所有的希望和梦想毁于一旦，却说："这场火灾绝对有价值。我们所有的过错，都随着火灾而毁灭。感谢上帝，我们可以从头做起。"三周后，也就是那场大火之后的21天，他制造了世界上第一部留声机。

也许由此我们应该领悟到：爱迪生能够成为伟大的发明家，不仅仅是因为他有过人的智慧和非凡的毅力，更重要的还在于他面对失败、困境的积极态度。他总是抓住困境的"刀柄"，让它为自己的人生和事业服务。

虽然，并不是每个人都能准确地把握住"刀柄"，但我们起码应该学会如何避免"刀刃"的伤害。

让自己的心灵变强大

努力锤炼性格的刚性，人人都可以走向成功，也只有这样才能更好地适应社会的发展，在充满竞争的社会中始终立于不败之地。

绝望与愁苦永远不能使心灵真正坚强，人生真正成熟。困厄中徘徊犹疑的人们，只有用钢铁般的性情隐忍地跋涉，才能让一切苦难在你面前黯然失色。心灵强大需要的是信仰和毅力，品味的不是惨淡苦笑的气息，而是超脱后的平静与安宁。

《哈利·波特》的作者罗琳女士，凭什么能够从一个穷困潦倒的小女子，一举成为身拥亿万文化产业的作家？——靠的就是刚毅。27 岁那年，她备受重创：离异打击，经济窘迫，那时的她，跌入人生的谷底，失业、无收入、无积蓄，带着不满周岁的女儿……可她却没有就此屈服，硬是在最困苦潦倒的日子里写出了《哈利·波特与魔法石》，以后又写出第二部、第三部、第四部……结果，她凭此一举征服了全世界不同肤色的少年儿童。

成功者之所以成功，失败者之所以失败，原因就是骨子里是否有那种自强不息的刚毅。

“不经战斗的舍弃是虚伪的，不经劫难的超脱是轻佻的，逃避现实的明哲是卑怯的；中庸、苟且、小智小慧，是我们的致命伤。”不经受苦难的创痛，生命难以圆满；不克服人生的平庸，凡夫俗子难以成就完美灿烂的人生。刚性的人生弥漫着一种不折不扣的意志力，一种向命运抗争和挑战的精神，预示着对生命的征服。

生活中，很多人常常因为勇气不足，而主动放弃了对远大目标的追求。自叹“时运不济”，自认倒霉。在打击和磨难面前，仅仅停留于无休止的叹息，这只会削弱你和厄运抗争的意志，使你在无可奈何中消极地接受现实。

鲁迅说得好：“伟大的胸怀，应该表现出这样的气概——用笑脸来迎接悲惨的命运，用百倍的勇气来应付自己的不幸。”生活中遭遇到不幸的人，就应表现出鲁迅说的那种“伟大的胸怀”：以隐忍锻造刚性的人生，以刚毅的精神同厄运斗争。征服了厄运，你就会赢得命运的垂青。

客观世界不断地向前发展，社会不断地前进，因此每一个人都应该不断地加强自我，不断地更新自我。正如文天祥所说：“君子之所以进者，无法，天行而已矣。”

苏联火箭之父齐奥尔科夫斯基10岁时，染上了猩红热，持续几天的高烧，引起了严重的并发症，使他几乎完全丧失了听觉，成了半聋。他默默地承受着其他孩子的讥笑和无法继续上学的痛苦。他的父亲是个守林员，整天到处奔走。因此，教他读书写字的担子就落到妈妈身上。通过妈妈耐心细致的讲解和循循善诱的辅导，他进步得很快。可是当他正在充满信心地自学时，母亲却患病去世了，这突如其来的打击，使他陷入了极大的痛苦。他不明白，生活为何如此艰辛？为什么这么多的不幸都落到了他的头上？他今后该怎么办？父亲抚摸着他的头说：“孩子，不要气馁，一定要有志气，靠自己的努力走下去！”是啊！学校不收，孩子们在嘲弄，今后只有靠自己了！

年幼的齐奥尔科夫斯基从此开始了真正的自学道路。他从小学课本、中学课本一直读到大学课本，自学了物理、化学、微积分、解析几何等课程。这样，一个耳聋的人，一个没有受过任何教授指导的人，一个从未进过中学和高等学府的人，由于始终如一地勤奋自学、刻苦钻研，终于使自己成了一个学识渊博的科学家，为火箭技术和星际航行奠定了理论基础。

这告诉人们，只有自强不息的人才能最终走向成功。

18世纪，天花这种可怕的瘟疫在欧洲和亚洲蔓延着。在英国，几乎每个人迟早都会传染上这种病，许多成年人的脸上和身上都有天花留下的难看的疤痕。成千上万的人由于病情严重而变成瞎子或疯子，每年死去的人不计其数。

免疫法的发现者英国的琴纳，当时还是位年轻的医师，他立志向天花宣战。他在家乡伯克利行医时，发现牧区挤奶女工从来不患天花。原来她们在挤牛奶时，无意中接触了患天花的奶牛的脓浆，传染上了牛痘，手上便长出了小脓疮。开始时稍感不适，但很快就好了，以后就再也不患天花了。琴纳由此产生了一个大胆的设想，用人工接种牛痘，预防天花。

在动物身上实验成功了，在人身上种牛痘会不会有危险呢？决心为人类解除天花危害的琴纳，决定拿自己的儿子作为人工接种牛痘的第一个试验者。这个想法马上招致了他的妻子、亲属和朋友们的反对，说他发疯了，这样会害死孩子的。琴纳忍受着亲友们的责难，果断地把痘浆种到了儿子的胳膊上。几天以后，儿子度过了微微的不适而安然无恙。两个月后，他又把天花病人身上的脓液种到了儿子的身上。忧虑难熬的日子，一天又一天、一个星期又一个星期地过去了。儿子一直没有被传染上天花。妻子的脸上露出了笑容，琴纳更是欣喜若狂。

但是，琴纳的研究不仅没有马上得到社会的承认，反而引起了一场轩然大波。教会散布言谈说，以牲畜的疾病来传染人是“亵渎上帝”的行为，“接种牛痘是魔鬼的诺言”。许多报纸鼓吹种了牛痘会使人身上长出牛角，发出尖厉的声音，甚至耸人听闻地说，儿童种了牛痘，全身会长出牛毛，面孔会变成牛的模样，像牛一样咳嗽，眼睛像公牛一样斜着看东西。一些受了蛊惑的人，包围了琴纳家的房子，向屋内扔砖头，谩骂并拦截就诊的病人。

这时候，琴纳的妻子站了出来，坚定地支持丈夫的研究。她鼓励并随同丈夫到伦敦去请求著名科学家的帮助与支持。为宣传和推广牛痘接种法，使更多的人尽早免于疾病的折磨，她拿出了家里的积蓄，帮助琴纳出版了《接种牛痘的原因和效果的调查》。最后，真理终于战胜了邪恶，琴纳赢得了承认和称颂。

拥有刚性性格的人可以战胜一切艰难险阻，任何困难和挫折都不能阻止他们前进的脚步，忍受压力而不气馁，勇于知难而进，是最终成功的要素。

刀靠石磨，人靠事磨

命运本非天定，成败自在人为。每个人都有可能走入人生的低谷，如果只是一味地消极，一味地怨天尤人而不去与命运抗争，那么你就永远不会有生命的春天。

坚韧是一种刚强，坚韧是一种体现生命弹性的品格，坚韧是一种性格的魅力，坚韧是在坚持中体现出的一种韧性，它显得更理性，更富有张力。

具有坚韧性格的人是明知不可为而为之、是夹缝里求生存、是明知山有虎偏向虎山行的人。坚是一种特性，坚不可摧就是此意。老子说：“兵强则灭，木强则折。”因此只有坚是不行的，还得有韧，韧是顽强的意志力和超强的忍耐力。具有坚韧性格的人是无敌的，这种人做事专一，永不会放弃，不屈不挠，不达目的誓不罢休。这种性格的人无论从事什么职业都会成功，因为他们决不轻言放弃。

爱迪生是个天才，他有着普通人无法企及的天赋，但正像他自己所说的："天才是99%的汗水加上1%的灵感。"爱迪生的一生是传奇的，他坚韧的性格、锲而不舍的努力造就了他辉煌的事业。他一生共有发明2000多项，被称为"发明大王"。爱迪生从小就有着超强的好奇心，对什么事都想知道其背后的原因，不仅如此，对什么事情他都想自己动手尝试一下。爱迪生研制电报机的时候，有时一个星期也不离开实验室。饿了啃几口面包，渴了喝几口清水，废寝忘食地工作，甚至置自己的新婚妻子于不顾，专注于他的研制工作。他发明电灯的过程更是突出表现了他坚韧的性格。在进入实验之前，他在电灯方面建立了3000多种理论，每一种理论似乎都可能变成现实。他锲而不舍地一一进行实验，最终确定只有两种理论可以行得通。他是一个工作狂，只要进入他的实验室、进入他的工厂，他就忘记了身边的一切。

有的人遭遇到挫折或不幸时，就会怨天尤人，哀叹自己命不好，或认为一切都是命中注定的。其实，真正主宰命运的是自己，而不是其冥冥中的命运，坚强人物前行的步伐绝对不会被任何东西所阻挡。

音乐家贝多芬一生遭到了数不清的磨难，贫困几乎逼得他行乞；失恋、耳聋，几乎毁掉了他的事业。可是，贝多芬并未一蹶不振，而是向命运挑战！在他两耳失聪、生活最悲惨的时候写出了他的最伟大的乐曲。正如他给一位公爵的信中所说："你之所以成为公爵，只是由于幸运的出身；而我成为贝多芬，则是靠自己。"

俗语说："刀靠石磨，人要事磨。"的确，唯有耐得住事磨的人，在经过一番寒心彻骨的历练后，才能够在山穷水复疑无路之际，明智地把握住机会，寻得柳暗花明又一村的景象。将事业危机化为转机，进而开启良机，成就出色的事业。

历史上那些赫赫有名的大人物鲜有一开始就平步青云、大展宏图的，这些人反而多是几经浮沉，漂泊不定地度过大半生，就因过程坎坷起伏，使他们有克服万难的信念，最后竟迂回地走过许多陷阱与险境。

一位知名人士曾语重心长地对属下说："年轻时代赚 100 万元的经验，并不能成为将来赚 10 亿元的经验，但损失 1000 万元的经验，倒可培养赚 10 亿元的经验。逆境是锻炼人才最好的机会。"因此，年轻人不应急躁，应趁年轻的时候多尝尝不幸和挫折。

在格里米战役的一次战事中，一颗炮弹把战区中的一座美丽花园炸毁，但是在那被炮火炸开的泥缝中，却忽然发现一道泉水在喷射。从此以后，这儿就有了一眼永久不息的喷泉。不幸与忧苦，也能使心灵的潜在之泉喷射出来。有许多人不到穷困潦倒，就不会发现自己的力量。灾祸的折磨，反而可以使人们发现自己的潜能。

塞万提斯在狱中写了《堂·吉诃德》，那时他贫困不堪，甚至无钱买纸，书稿是用皮革当作纸张。有人劝一位西班牙百万富翁去接济他，但那位百万富翁回答说："上帝不允许我去接济他的生活，因为唯有他的贫困，才使得世界丰富！"

监狱往往能激起人心中已经熄灭的火焰。《鲁滨孙漂流记》是在狱中写成的，《天路历程》也是在监狱中写成的。瓦尔德·罗利爵士在他13年的囚禁生活中写成了《世界历史》。路德曾被囚在瓦特堡的时候，把《圣经》译成了德文。

一个大无畏的人，愈为环境所迫，愈加奋勇，敢于面对任何困难，轻视任何厄运，嘲笑任何阻碍；因为忧患、困苦不足以损他毫发，反而会增强他的意志、力量与品格，使他成为了不起的人物！

所以，请抛弃软弱，努力让自己坚强起来，把自己打造成一个性格坚忍的人，你同样可以做自己命运的主人。

命运的另一半在你手里

想要人生精彩，就不要轻易下结论否定自己，不要怯于接受挑战，只要开始行动，就不会太晚；只要去做，就总有成功的可能。世上能打败你的只有你自己，成功之门一直虚掩着，除非你认为自己不能成功，它才会关闭，而只要你自己觉得可能，那么一切就皆有可能。

“英雄可以被毁灭，但是不能被击败。”跌倒了，爬起来，你就不会失败，坚持下去，你才会成功。不要因为命运的怪诞而俯首听命于它，任凭它的摆布。等你年老的时候，回首往事，就会发觉，命运只有一半在上帝的手里，而另一半则由你掌握，你一生的全部就在于：运用你手里所拥有的去获取上帝所掌握的。你的努力越超常，你手里掌握的那一半就越庞大，你获得的就越丰硕。

如果一个人把眼光拘泥于挫折的痛感之上，他就很难再有心思想自己下一步如何努力，最后如何成功。一个拳击运动员说："当你的左眼被打伤时，右眼就得睁得更大，这样才能够看清敌人，也才能够有机会还手。如果右眼同时闭上，那么不但右眼也要挨拳，恐怕命都难保！"拳击就是这样，即使面对对手无比强劲的攻击，你还是得睁大眼睛面对受伤的感觉，如果不这样的话一定会败得更惨。其实人生又何尝不是如此呢？

"幸运者"与"不幸者"的区别在于：幸运者总是充满自信，洋溢活力，而不幸者即使腰缠万贯，富甲一方，内心却往往灰暗而脆弱。

这就是所谓的自卑，是一种消极的自我评价或自我意识，即个体认为自己在某些方面不如他人而产生的消极情感，是一种危机心态。自卑是束缚创造力的一条绳索，人生要想活得精彩，首先要做的一项工作就是拒绝与自卑纠缠。

在这个世界上，最不值得同情的人就是被失败打垮的人，一个否定自己的人又有什么资格要求别人去肯定？自卑者是这个世界上最可怜的人，因为他们的内心一直被自轻自贱的毒蛇噬咬，不仅丢失了心灵的新鲜血液，而且丧失了拼搏的勇气，更可悲的是，他们的心中已经被注入了厌世和绝望的毒液，乃至原本健康的心灵逐渐枯萎……

松下电器公司曾招聘一批基层管理人员，采取笔试与面试相结合的方法。计划招聘15人，报考的却有几百人。经过一周的考试和面试之后，通过电子计算机计分，选出了15位佼佼者。当松下幸之助将录取者一个个过目时，发现有一位成绩特别出色、面试时给他留下深刻印象的年轻人未在15位之列。这位青年叫神田三郎。于是，松下幸之助当即叫人复查考试情况。结果发现，神田三郎的综合成绩名列第一，只因电子计算机出了故障，把分数和名次排错了，导致神田三郎落选。松下立即吩咐手下纠正错误，给神田三郎发放了录用通知书。第二天，松下先生却得到一个惊人的消息：神田三郎因没有被录取而一下自卑起来，觉得自己一无是处，于是跳楼自杀了。录用通知书送到时，他已经死了。

松下知道之后自己沉默了好长时间，一位助手在旁边自言自语："多可惜，这么一位有才干的青年，我们没有录取他。"

"不，"松下摇摇头说，"幸亏我们公司没有录用他，如此自卑的人是干不成大事的。"

人生并非一帆风顺，因为求职未被录取而拿死亡来解脱自卑的情绪，简直太可惜了。

在人生崎岖的道路上，自卑这条毒蛇随时都会悄然地出现，尤其是当人迷惑、劳累困乏时，更要加倍地警惕。偶尔短时间地滑入自卑的状态是很正常的现象，但长期处于自卑之中就会酿成人生的灾难。

所以，要想堂堂正正地活着，首先就要有自信，有了自信才能产生勇气、力量和毅力。具备了这些，困难才有可能被战胜，目标才可能达到，胜利才可能拥有。但是自信绝非自负，更非痴妄，自信建筑在崇高和自强不息的基础之上才有意义。心中有自信，成功有动力。莎士比亚说过："自信是成功的第一步。"当你满怀激情踏上人生之路时，请带上自信出发，那么一切都将会改变。

八、所谓门槛，过不去才是坎儿

生命就是一场变幻莫测的颠簸，谁也无法左右，但却能左右自己的心。爱走了，还会有下一场的花开，真心付出就无怨无悔，曾经的美好也是买不到的回忆。身体残了，心还跳动着，别在命运面前低头，所谓门槛，过去了是门，过不去才是坎儿！

没有翻不过去的山

极限绝非不可逾越，不可逾越的只有你心中的那道坎儿。如果你想提升自己的价值，改变自己的生存环境，就必须努力去跨越这道坎儿。这样，你的人生才不会黯淡无光。

这世上，压根儿没有过不去的山，只要你肯攀登，就会有希望。这世间也没有所谓的极限，能不能突破，要看你自己。

一种成年章鱼的体重可达70磅（约32千克），如此一个庞然大物，却拥有极度柔韧的躯体，若是它愿意，几乎能够将自己塞进任何一个地方。

章鱼最喜欢的事情，莫过于藏身于海螺壳之中，待鱼虾靠近，突然发出致命一击——咬住它们的头部，瞬间注入毒液，然后美美地享用一顿。针对章鱼的天性，渔民们想出了一个绝招——他们用绳索将很多小瓶子串联在一起，投入海底。章鱼们一发现小瓶子，便趋之若鹜，最后成了渔民的“囚徒”。

事实上，将章鱼困住的并不是瓶子，而是它们自己。瓶子是死物，它不会主动去囚禁章鱼，反而是章鱼喜欢往狭小的洞口里钻，最终葬送了自己的性命。

现实生活中，很多人的思想正与章鱼一样，他们一旦遭遇瓶颈，只知道将自己困于瓶底，却不懂得去突破、去争取，久而久之，他们的思想越来越狭窄，逐渐失去了原有的光芒。

西方有句名言：“一个人的思想决定一个人的命运。不敢向高难度的工作挑战，是对自身潜能的束缚，只能使自己的无限潜能浪费在无谓的琐事之中。”

事实上，一个人只要勇于突破自己的心态瓶颈，突破极限约束的阻碍，成功就不会太远。

举重项目之一的挺举，曾经出现一种“500磅（约227千克）瓶颈”的说法，也就是说，以人体极限而言，500磅是很难超越的瓶颈。当时499磅纪录的保持者巴雷里比赛时所用的杠铃，由于工作人员失误，实际上已经超过了500磅。这个消息发布以后，世界上有六位举重好手，在一瞬间就举起了一直未能突破的500磅杠铃。

心，可以超越困难、突破阻挠；心，可以粉碎障碍；心，最终必会达到你的期望。然而，成功的最大障碍，往往又是你的心！是你面对“不可能完成”的高度时，心为自己设定的瓶颈。

勇于向极限挑战，这是更好生存的基础。现实之中，很多人如你一样，虽然才华横溢、能力不俗，却具有一个致命弱点——缺乏挑战极限的勇气，只愿做人生中的“安全专家”。对于偶尔出现的“大障碍”“大困难”，他们不会主动出击，而是觉得“不可能克服”，因而一躲再躲，畏缩不前。结果，终其一生也未能成事。

勇士与懦夫在世人心目中的地位，有着天壤之别。勇士受人尊崇，走到哪里都能闯出一片天地；懦夫遭人冷眼，不受欢迎，很难得到重用。一位企业老总在描述自己心目中的理想员工时，曾这样说道：“我们所急需的人才，是有奋斗、进取精神，勇于向‘不可能完成’的任务挑战的人。”可见，勇于向“瓶颈”挑战的人，如同“明星”一般，是人们争相抢夺的“珍品”。

在当今这个竞争激烈的大环境下，如果你一直以“安全专家”自居，不敢向自己的极限挑战，那么在与“勇士”的对抗中，就只能永远处于劣势。当你羡慕，甚至是忌妒那些成功人士之时，不妨静心想想他们为何能够取得成功。你要明白，他们的成功绝不是幸运，亦不是偶然。他们之所以有今天的成就，很大程度上，是因为他们敢于向“瓶颈”挑战。在纷扰复杂的社会上，若能秉持这一原则，不断磨砺自己的生存利器，不断寻求突破，你就能够占有一席之地。

渴望成功——这是每一个人的心声。若想实现自己的抱负，从现在开始，你就不能再躲避，更不要浪费大把的时间去设想最糟糕的结局，不断重复“不能完成”的念头，因为这等于是在预演失败。

想要从根本上克服这种障碍，走出“不可能”的阴影、跻身于上流社会，你必须拥有足够的自信，用信心支撑自己完成别人眼中“不可能完成”的事情。

当然，在灌输信心的同时，你必须了解其“不可能”的原因，看看自己是否具备驾驭能力，如果没有，先把自身功夫做足、做硬，“有了金刚钻，再揽瓷器活儿”。要知道，挑战“瓶颈”只会有两种结果——成功或是失败，而两者往往只是一念之差，这不可不慎。

行百里者半九十

“行百里者半九十”，最后那一段路往往是最难走的，在我们精疲力竭的情况下，即使一个小小的变故都可能把我们击倒，所以意志就显得格外重要。再坚持一下！因为胜利就来自“再坚持一下”的努力中。

失败者常常是这样，开始的时候，凭着一股冲劲，雄心万丈，然而经过长途跋涉，精疲力竭，信心就开始动摇，对前途绝望，因此不能坚持到底，以致前功尽弃。

弗洛伦丝·查德威克因成为第一个成功横渡英吉利海峡的女性而闻名于世。在此两年后，她从卡德林那岛出发游向加利福尼亚海滩，想再创一项前无古人的纪录。

那天，海面浓雾弥漫，海水冰冷刺骨。在游了漫长的16个小时之后，她的嘴唇已冻得发紫，全身筋疲力尽而且一阵阵战栗。

她抬头眺望远方，只见眼前雾霭茫茫，仿佛陆地离她还十分遥远。“现在还看不到海岸，看来这次无法游完全程了。”她这样想着，身体立刻就瘫软下来，甚至连再划一下水的力气都没有了。

“把我拖上去吧！”她对陪伴着她的小艇上的人说。

“咬咬牙，再坚持一下。只剩 1 英里远了。”艇上的人鼓励她。

“别骗我。如果只剩 1 英里，我就应该能看到海岸。把我拖上去，快，把我拖上去！”

于是，浑身瑟瑟发抖的查德威克被拖上了小艇。

小艇开足马力向前驶去。就在她裹紧毛毯喝了一杯热汤的工夫，褐色的海岸线就从浓雾中显现出来，她甚至都能隐隐约约地看到海滩上欢呼等待她的人群。到此时她才知道，艇上的人并没有骗她，她距成功确确实实只有 1 英里！她仰天长叹，懊悔自己没能咬咬牙再坚持一下。

一个人一旦确立了目标，不论它距离我们有多远，都应该坚持到最后。强者是坚持到最后的人，查德威克就失败在没能再坚持一下。

巴尔扎克说：“苦难对于一个天才是一块垫脚石，对于能干的人是一笔财富，而对于庸人却是一个万丈深渊。”坚强刚毅的性格和坚持到底的韧劲是强者区别于庸者的必要条件。在厄运面前不屈从，在困难面前不低头是英雄的表现。在生活的挫折和打击面前，垂头丧气，自暴自弃，丧失继续前进的勇气和信心，则是懦夫的行为。

凡事贵在坚持。正像健身一样，你可能要忍受少吃、多运动的痛苦，还可能要忍受一时半日没有效果而造成的失望煎熬。但只要你认真地坚持下去，终有一天会发现你瘦了！

可是有些人却急于求成，在坚持了一段时日后，发现效果并不明显，便在即将大功告成之前恢复以前的生活方式，大吃大喝，运动衣裤更是束之高阁。

这种一曝十寒的做法，不要说减肥，无论是做任何事，都不会有成功的一天。不是说方法不对，而是行事的态度出了差错。

人往往都能在事业初期充满了奋斗的热情，保持旺盛的斗志，在这个阶段普通人与杰出的人是没有多少差别的。

然而往往到最后那一刻，顽强者与懈怠者便显示出了不同。前者咬牙坚持到胜利，后者则丧失信心放弃了努力，于是便得到了不同的结局。

哥伦布在他每天的航海日志上最后一句总是写着："我们继续前进!"这句话看似平凡，实则包含无比的信心和毅力。就凭着这一股勇往直前的精神，他们向着茫茫不可知的前途挺进，横跨惊涛骇浪，历经蛮荒野地，克服了无限的艰难险阻，终于发现了新大陆，完成了历史上惊人的壮举。

许多失败者的悲剧，就在于被前进道路上的迷雾遮住了眼睛，他们不懂得忍耐一下，不懂得再跨前一步就会豁然开朗，结果在胜利到来之前的那一刻，自己打败了自己，因而也就失去了应有的荣誉。

你能主宰命运

命运并不可怕，怕的是向命运低头，怕的是白白浪费天分却仍不自知。那些自甘沉沦的朋友请及时醒悟，坚持努力，你就能主宰命运！

很多事情我们无法选择，譬如出身、譬如先天残疾、譬如疾病……但可以肯定的是，我们能够主宰自己的未来，只要信念不失，只要拥有顽强的精神和毅力，你就能够战胜一切苦难，成为生活中的强者，因为我命由我不由天！

鲁道夫出生在美国一个普通黑人家庭，出生时只有2公斤重，而后又得了肺炎、猩红热和小儿麻痹症，几乎夭折。因为家庭贫穷无法及时医治，从那时起，她的双腿肌肉逐渐萎缩，到4岁时，左腿已经完全不能动弹，这极大地刺伤了年幼的鲁道夫。

一转眼，鲁道夫已经6岁，该上学了。这时，鲁道夫再也忍受不住，她多么渴望自己能像其他小孩一样步入充满欢乐的校园啊。一天，她穿上特制的鞋子，独自下床。谁知脚刚一着地，就支撑不住了。然而，她并没有灰心，她咬紧牙，扶着椅子，将全部力气集中到双腿上……身子慢慢直了起来。接着，在家人的鼓励声中，她迈出了有生以来的第一步。

11 岁那年，鲁道夫依旧不能正常走路，这使父母焦虑万分。后来母亲出了个主意，让她尝试着打篮球，以加强腿部肌肉力量。鲁道夫立刻迷上了这项运动，经过一个阶段的锻炼，奇迹出现了！她不但身体变得强壮起来，而且能够正常走路了，甚至还能够参加正常的篮球比赛。

一次，鲁道夫正在参加一场篮球比赛，恰巧被一个名叫 E. 斯普勒的田径教练发现，他觉得她有着超人的弹跳力和速度，就建议她改练短跑，并热情地鼓励她说："你是一只小羚羊，将来一定会成为世界短跑纪录创造者和奥运冠军。"

果然，在斯普勒的悉心教导下，鲁道夫迅速成长起来。在田纳西州，她成了全州女子短跑明星，开始在美国田坛崭露头角。在芝加哥举行的第三届泛美运动会上，鲁道夫与队友一同为美国队摘得了 4×100 米接力的金牌。

16 岁那年，她在美国参加墨尔本第十六届奥运会选拔赛时，又出人意料地以 24 秒 2 的成绩创造了 200 米跑的全国纪录。在墨尔本奥运会上她作为 4×100 米接力的一员，为美国队以 44 秒 9 赢得铜牌立了一功。这使鲁道夫欣喜若狂，也使她更加勤奋。

4 年之后，鲁道夫已成长为一个体型修长、面容姣美的姑娘。她两腿长得出奇，体型像个时装模特儿。由于她跑姿优美，动作协调，步幅大而轻松，弹跳有力，速度惊人，许多田径专家们惊叹：看鲁道夫赛跑，简直是一种美的享受，使人获得美的启迪。

1960 年 7 月 9 日在科珀斯·克里斯蒂，鲁道夫以 22 秒 9 的成绩，刷新了澳大利亚女运动员贝蒂·卡思伯特保持的女子 200 米跑的世界纪录，成为世界上第一位突破这一项目“23 秒大关”的女运动员。由于她跑得像羚羊一般的迅速，所以获得了“黑羚羊”的绰号。

罗马奥运会女子田径 100 米跑的预赛，鲁道夫起跑虽不算太快，但当她跑出 10 ~ 15 米以后，便风驰电掣般超越了对手。当时，世界各国的体育评论员已经看出，在罗马根本没有她的对手。果然，鲁道夫以 11 秒 3 平了女子 100 米跑的世界纪录，接着，在 100 米决赛时，她以 11 秒获得了金牌，可惜因风速（+2752 米/秒）超过规定，未被承认为世界纪录。

翌日，在 200 米跑的预赛中，鲁道夫再接再厉，以 23 秒 2 创造了女子 200 米跑的奥运会纪录；决赛中，她又以 24 秒的成绩获得了第二枚金牌，罗马及来自世界各地的观众均为她喝彩、为她所倾倒。

9 月 7 日，鲁道夫作为美国 4×100 米接力跑的最后一棒队员参加角逐，她与队员同心协力，配合默契，以 44 秒 4 的成绩创造了世界纪录；9 月 8 日，美国队在决赛中一马当先，4 个人如火箭发射器那样，以强大的推动力，用 44 秒 5 的成绩独占鳌头。鲁道夫独得了 3 枚金灿灿的金牌！

鲁道夫以她的成绩向世人证明，纵使命运不公，但若有顽强的毅力、强大的自信，就足以成为生活的强者。

事实就是这样，命运根本打不倒你，就怕你自己打倒自己！

自助之人天必助之

我们每个人都是自己的上帝，只要我们怀着必胜的信念，牢牢握住命运的主宰权，那我们的愿望就一定会实现。若只知道乞求别人的帮助，期待天上掉下馅饼，你就永远也不会有成功的一天！

自助者天助，完全依赖别人帮你是可悲的，别人对你的帮助不能解决最终问题，若你对自己的问题也不卖力，总是等着别人帮忙，那你就会被全世界抛弃。任何时候，我们首先想到的应该是自助，其次才是求援。

成功者自救，凡事得靠自己。而有些人却习惯于把希望甚至是自己的命运寄托在莫须有的事物或者别人身上，这与毫无胜算的赌局无异，最终只能自食其果。

杰克为农场主搬东西的时候，失手打碎了一个花瓶。农场主要杰克赔，杰克穷得常常吃不上饭，又哪里能赔得起。

杰克被逼无奈，只好去教堂向神父讨主意。神父说："听说有一种能将破碎的花瓶粘起来的技术，你不如去学这种技术，只要将农场主的花瓶粘得完好如初，不就可以了嘛。"杰克听了直摇头，说："哪里会有这样神奇的技术？将一个破花瓶粘得完好如初，这是不可能的。"神父说："这样吧，教堂后面有个石壁，上帝就待在那里，只要你对着石壁大声说话，上帝就会答应你的。"

于是，杰克来到石壁前，对石壁说："上帝请您助我，只要您帮助我，我相信我能将花瓶粘好。"话音刚落，上帝就回答了他："你能将花瓶粘好。"于是杰克信心百倍，辞别神父，去学粘花瓶的技术去了。

一年以后，杰克通过认真地学习和不懈地努力，终于掌握了将破花瓶粘得天衣无缝的本领。他真的将那只破花瓶粘得像没破时一样，将它还给了农场主。他要感谢上帝，神父将他领到了那座石壁前，笑着说："你不用感谢上帝，你要感谢就感谢你自己吧。其实这里根本就没有上帝，这块石壁只不过是块回音壁，你所听到的上帝的声音，其实就是你自己的声音。你就是你自己的上帝。"

当一个人没有依赖思想时，生命的力量就会完全地迸发出来，靠山山会倒，靠人人会跑，只有靠自己才能取得成功。

法国著名作家小仲马年轻时，寄出去的稿件接连碰壁，而这时他的父亲大仲马的名气如日中天。

有一天大仲马得知这种情况，便对儿子说："如果你在投寄稿件时，附上一封信，就说你是我的儿子，情况或许会好多了。"

"不，我不能坐在你的肩头上摘苹果，这样摘来的苹果就没有味道了！"小仲马断然拒绝了父亲的提议。

面对一封封无情的退稿信，小仲马没有沮丧，终于在屡败屡战中写出了不朽的名著《茶花女》。法国文坛的评论家一致认为，这部作品的价值远远超过其父大仲马的代表作《基督山恩仇记》。小仲马终于靠自己的实力登上了文坛的顶峰，如果当年他接受了父亲的建议，那可能一辈子他都要在父亲的羽翼下生存，文坛上就可能不会留下他任何的足迹。

人的命运掌握在自己的手中，改变命运的不是借助外物或他人的权势，而是自己内心的力量——自信、智慧、勤奋等。

一勤天下无难事

纵览古今中外的成功人士，其成功的足迹无不洒满勤劳的汗水。我们每个人都能吟诵几句勤奋格言，或述说几个伟人的艰辛事迹，并为之感动和赞叹。但你一定会说我不是伟人，只能望洋兴叹。这种遗憾并非智力的失败，而是人格的失败。

天才出于勤奋，一个人若想有所作为，就必须具备一个特点，那就是勤劳。世上没有不付出就得到的好事，天才之所以成为天才，也不过是因为他们掌握了勤奋的法宝。

从前，有一个勤劳的老农夫，在临终时他希望懒惰的儿子们能够像他一样，辛勤地耕种田地，于是他叫儿子们来到床边，说："儿子们，在我的葡萄园里，有一个地方藏着一堆财宝！"说完就死了。他的儿子们立刻拿了铁铲铁锹等，挖遍了葡萄园。可是并没有找到什么财宝，但是葡萄树因为翻土而生长得很茂盛，有了很好的收获。

"天下没有不劳而获的事，只有勤奋耕耘才有好收获。"这位老农夫留给他懒惰儿子们的一段话，真胜过千万遗产。哪个人的成功不是因为辛勤耕耘？虽然辛勤耕耘不一定会有收获，但不耕耘却毫无收获。

既然大家都知道伟大的成功和辛勤的劳动是成正比的，但为什么渴望成功的人还没赶快行动起来呢？原因很简单，勤奋的前提是吃苦。

著名的数学家华罗庚先生生于江苏省金坛县一个贫苦家庭，只念过初中，20 岁时左腿因病致残。他不畏艰难，勤奋自学，终于走进了金碧辉煌的数学殿堂，被国际数学界公认为世界"绝对第一流的数学家"。

"天才在于积累，聪明在于勤奋"，这是华罗庚教授最喜欢的一句格言。他虽然聪明过人，但从不提及自己的天分，而把比聪明重要得多的"勤奋"与"积累"作为成功的钥匙，反复教育自己的学生，要他们学数学要做到"拳不离手，曲不离口"，经常锻炼自己。

而华罗庚教授的经历就是“勤奋出天才”的最佳范例。

1929年对于华罗庚来说，是生命旅程中最不寻常的年头。这年他得到了一份工作——在金坛县中学当会计兼做数学教员。这对初中毕业又无钱继续读书的华罗庚来说，实在是太难得了。不久，他又娶了一位秀丽端庄、勤劳贤惠的妻子吴筱元，全家人沉浸在欢乐之中。孰料想，几乎就在这同时，厄运也在悄悄向华罗庚逼近。

这一年，金坛县瘟疫流行。一天华罗庚下课回到家中，吃了两个汤圆，忽然觉得浑身发酸发冷，便支持不住，一头倒在床上。一测体温，竟然高达42℃。接着，华罗庚便昏迷不醒并且说胡话，全家人顿时乱作一团。

医生看过华罗庚的情况后摇了摇头，让吴筱元准备后事。死亡的判决书没有动摇一家人挽救他的决心。金坛县的医生无能为力了，他们便当了所有值钱的东西从别的地方请名医。就这样，请一个不行，再继续请另一个……

整整半年过去了。一天，华罗庚的左手小指头忽然肿起来了，然后又嚷左臂疼，接着是左边的半个身子、左腿疼得不能动弹。后来，疼痛倒是消失了，但疼痛部位的肌肉却都腐烂了。吴筱元便给他敷药，慢慢地伤口愈合了。经过妻子日日夜夜地精心照料，华罗庚的病情渐渐地好起来了。不过，由于伤寒病菌侵袭了他的关节，左腿关节粘连变形，弯曲了。年纪轻轻的华罗庚，就这样成了瘸子……

他拄着妻子为他找来的一根拐杖，迈着按他自己的话说是“圆和切线的运动”的艰难步履，开始了新的也是更漫长、更艰辛的人生之路。

病后的华罗庚，从妻子愁苦的面容、女儿饥饿的啼哭中，察觉出了家计的窘迫。于是，他拖着瘦骨嶙峋的身子，重新回到了学校，然而，屋漏偏逢连夜雨。不久竟有人向教育局告状，说校长任用没有学历的华罗庚做教员是个错误，为此校长愤然辞职离去，华罗庚的教员自然做不成了。好在新校长是位很通达的人，继续让他留在学校做会计。华罗庚一如既往，白天勤奋工作，晚上不顾残腿钻心的疼痛，在昏黄的灯光下遨游于数学的王国中，决心用“健全的头脑，代替不健全的双腿”。

功夫不负苦心人。1930 年的一天，华罗庚收到上海寄来的刚刚出版的《科学》杂志第 15 卷第 2 期。他急忙用颤抖的双手翻开，《苏家驹之代数的五次方程式解法不能成立之理由》的大标题和“华罗庚”三个字赫然映进他的眼帘，顿时热泪盈眶。

这是他病前写的一篇论文，也是他第一次发表的这篇论文，对他的命运产生了重要影响。不久，时任清华大学数学系主任熊庆来教授看到了这篇论文，如获至宝，立即四处寻问作者的身世经历。

1930 年秋天，华罗庚应邀来到清华大学数学系，当上了数学系的助理。从此，华罗庚如鱼得水，更加勤奋。

后来华罗庚又经历了两次磨难，但他都凭着一股勤奋、努力、执着的精神，坚强地挺了过去。靠着勤奋，华罗庚从一个只有初中文化的青年成长为一代数学大师、教育家，所写名著《堆垒素数论》成为 20 世纪数学论著的经典。连爱因斯坦也写信说：“你此一发现，为今后数学界开了一个重要的源头。”华罗庚已经被芝加哥科学技术博物馆列为当今世界 88 个数学伟人之一。

辉煌来自耕耘，有一分劳动就有一分收获，日积月累，从少到多，奇迹就可以创造出来。华罗庚只有初中的文化，最后却成长为第一流的数学家，可以想象得到，在这辉煌的光圈背后，华罗庚付出了多少辛苦。勤出成果、出智能，无数实践证明：唯有勤奋者才能得到成功。可以说，华罗庚之所以能成为第一流的数学家，就在于他比常人花更多的时间去学习。学习的时间越长，下的功夫越深，所学的也就越精。华罗庚不是天才，而是用勤奋换来了天才的称号。

人并非生下来就是天才或懦夫。所有的成功都是努力的结果，天才也需要后天的磨炼。生命不排斥努力，它需要辛勤的汗水来浇灌，只要勤奋就可以换来累累硕果。华罗庚的成功，不是方法的胜利，而是勤奋的功劳。对于一桩成功的事情来说，勤奋的功用实在是太默默无闻，太平实了，平实得就像大厦的桩基，重要而又潜隐，无声无息地驮起伟岸的形象和耀眼的华丽。但是，世人往往太过肤浅和势利，总是赞美伟岸，簇拥华丽，忘却平实。面对一座座摩天大楼，除了仰头而望外，有多少人会想到它的桩基，或者那些辛勤创造者呢。所以在生活中，渴望“空中楼阁”的人屡见不鲜。

中国著名的哲学家冯友兰先生认为，凡是能使某事最成功的方法就是最平实的方法。如果一个人想发财，最平常的方法，是去竭力经营。

胡适先生说过：“用血汗、苦功到了九十九分时，也许有一分的灵巧新花样出来，那就是创作了。颓废慵懒的人，痴待‘灵感’而来，是终无所成的。”可见，勤奋虽不是绝对成功的法宝，但也是走向成功最平实的大路。

中国有句俗话“一勤天下无难事”，只要你肯付出辛苦，只要你愿意不断刻苦学习，成功的大门就会向你敞开。

要有股子不服输的精神

很多时候，并不是困难挡住了你前进的步伐，而是你丧失了斗志，就此低迷、一蹶不振，因此丧失了希望。

每个人心中都存有“斗志”，都希望有朝一日出人头地、光耀门楣，但为什么只有少数人能够成就梦想呢？从根本上讲，是因为这部分人的“斗志”要较一般人更为强烈，而且他们知道怎样去驱使自己的“斗志”。

战国时期的著名思想家、教育家墨子告诉后辈“志不强者智不达”。一个人能在人生中撰写怎样的文章，很大程度上要取决于他心中的“大纲”如何。“金鳞”的志向是“龙在九天”，所以它才能够“一遇风雨便成龙”，我们若想“扶摇直上九万里”，心中就一定要有一种超出别人的欲望，要秉持着强烈的斗志以及恒久的激情，不断地向目标冲刺。

“斗志”于人而言，一如飞机的引擎，只不过大多数人的引擎尚处于“熄火”状态，一旦引擎发动，且驾驶无误，你就会很快地一飞冲天。

浙江商界代表人物、吉利集团总裁李书福，一度频受挫折、饱尝歧视，但他从未熄灭心中的斗志。继成功开发出国内第一辆踏板摩托车以后，李书福乘胜再进，将业务拓展到汽车领域，凭借执着的追求和不断进取的精神，最终成为国内声名显著的民营企业家。

众所周知，汽车行业极具挑战性——竞争激烈、风险超高，而李书福进入该领域之初，启动资金仅有5亿多人民币，这对于充满世界级巨头的汽车行业而言，不免显得有些微不足道。况且，当时国家政策对民营企业还没有完全开放，李书福所面临的困难可想而知。

不过，李书福生来就有一种“撞南墙就要把墙推倒”的斗志，他经过摸索、分析，最终得出这样一条结论：国内汽车领域发展近20年来，从天津夏利到上海大众，从广州标致到别克、雅阁，排量越来越大，级别也越来越高。然而，对于中国老百姓而言，绝大多数人没有那么多钱，他们更需要价格在3~4万元之间的低端轿车。于是，李书福最终将目标放在了“百姓轿车”的开发上。他曾说道：“我会将价位定在3~4万元左右，只要成本低于别人，价格低于别人，而质量高于别人，就能薄利多销，我就有机会！”

就这样，在世纪之交，中国汽车领域闯进了一个“莽撞汉”，他“驾驶吉利”逆流而上，将死气沉沉的中国车市搅得风云变幻。吉利汽车接连4次引发降价风暴，令许多知名品牌苦不堪言，一时间打击声、讨伐声、质疑声纷纷袭来，一位国企汽车行业老总甚至公开戏谑：“没有一不怕苦，二不怕死的精神，就别开吉利。”李书福顿时陷入了饱受非议的境地，吉利的年销售业绩，也仅有惨淡的几千辆而已。

不过，上天总是对那些“斗志昂扬”的人偏爱有加。中国入世以后，政府开放车价，夏利、奥拓相继推出3万元左右的低端轿车。这无疑为吉利做了一个免费的广告，老百姓终于明白了——原来3万元的轿车还是能够保证质量的。就此，吉利轿车的销售形势逐渐走好，2001年，吉利轿车全国销售业绩达到3万辆，李书福成功实现了扭亏转盈。

就是凭借着“不服输”的精神，李书福一步步将自己的梦想变成了现实。若干年来，他先后斩获中国青年改革家、十大明星企业家、新长征突击手、经营管理大师、中国汽车风云人物等多项荣誉，成为中国民营企业的先驱人物。

李书福的故事告诉我们：你为自己设定一个怎样的人生，你的人生就会成为什么样子。如果你一直怀揣客观、高远的梦想，并且为之奋斗不已，梦想很容易就会实现，因为成功往往更垂青于那些“斗志强盛”的人。

如果将“斗志”看作是成功的动力，那么毫无疑问，梦想就是“斗志”的导航，梦想是成就人生的一种积极力量，它可以激发出你体内无限的潜能。一个人若想斩获成功，不但要立长志，还要尽其所能地将志向放大。

你一定行

信心能够给予我们无穷的勇气与力量，在信心的激励下，以往那些看似难以企及的事情，都会变得胸有成竹。困难面前，告诉自己：“我行！”你就一定行。

一个女人若是认为自己不美丽，那么她注定只能做一个丑女；一个男人若是不认为自己才华横溢，那么他注定与庸人为伍；同样，一个人如果质疑自己的能力，那么他注定不会成功。

对自己缺乏基本的、适度的信心，在生活中就不可能具备刚毅、无畏的品质，就不可能充满激情、充满斗志地去追求自己的目标。这样的人，注定碌碌无为，他的生活甚至会举步维艰，又谈何幸福呢？

我们来做个假设：

倘若给你一个任务——每天销售3套时装，为期半个月，或许你会回答：“这不是问题，我做得到。”但是，倘若要求你连续12年、平均每天销售6辆汽车呢？相信你肯定会摇头：“这不可能！”

事实上这是可能的！“世界上最伟大的推销员”——乔·吉拉德先生，其职业生涯共计卖出汽车13001辆，而且均为一对一销售，他也因此创造了吉尼斯汽车销售纪录。

乔·吉拉德出生于美国大萧条时代，其父辈为西西里移民，家境贫寒。乔·吉拉德从9岁开始为人擦皮鞋，以贴补家用，但暴躁的父亲依然时常对他进行打骂，人们都很歧视他，认为他是个没用的“废物”。

这种情况下，他勉强读到高中便辍学了。父亲的打击、邻里的歧视，令他逐渐丧失了自信，他开始口吃起来。35岁以前，他更换过40份工作，甚至当过扒手、开过赌场，但终究一事无成，而且背负了巨额的债务。

难道真的如父亲所说，自己就是一个废物？乔·吉拉德似乎有些绝望。幸运的是，他有一位非常伟大的母亲，她时常鼓励乔·吉拉德：“乔，你必须证明给你爸爸看，证明给所有人看，让他们知道你不是个废物，你能做得非常了不起！乔，人都是一样的，机会摆在每个人面前，就看你懂不懂得争取。乔，你绝不能气馁，你一定行！”

母亲的话给了乔·吉拉德很大鼓舞，使他重新恢复了自信，重新燃起了对成功的渴望，他在心中暗暗发誓：我一定要证明父亲错了！我一定行！为了克服口吃的毛病，他选择了从事销售行业，而且是极具挑战性的汽车销售。工作中，他一直坚持以诚信为本，谨守公平原则；工作方法上，他从不拘泥于“经验”，总是不断推陈出新，超越自我。

他的真诚、他的热情、他的别出心裁，赢得了客户的广泛青睐，他成功了！他从一个饱受歧视、一身债务、几乎走投无路的“废物”，一跃成为“世界上最伟大的销售员”！他被欧美商界誉为“能向任何人推销任何商品”的传奇人物，他所创下的纪录——连续12年，平均每天销售6辆汽车，迄今为止依然无人能够望其项背！而这一切，只源于最初的那一句：“我一定行!”

同样地，你也一定行！只要心中充满自信，相信成功一定不会遥远。

自信是成功的推动器，自信成就了一批批传奇人物。但是，自信绝不是英雄的专利，平凡人也需要自信，缺乏自信的人生必不完美，缺乏自信的人生不可能成功。

自信的反义词是自卑，它是一种心理缺陷，会阻挠人的潜能发挥，会妨碍希望的实现。据统计，世界上有2/3的人营养不良，只是程度不同而已；同样，世界上也有2/3的人患有“自卑症”，也只是程度不同而已。想要成功，你就必须驱赶自卑，重拾自信。请时刻记住那句话——我一定行!

坚持下去就是胜利

再难的事情也怕坚持，只要肯坚持，太行、王屋可以移走，铁杵可以磨成绣花针……只要肯坚持，还有什么事情我们做不成?

要想生存，你就必须学着去适应这种变化，而不是因变化放弃自己的目标。在这个过程中，你可能会遇到很多困难，承受很大压力，但只要眼睛盯住前方，凭借坚韧的毅力，射出去的箭就一定可以正中靶心。

朱威廉出生在美国南加州，父母都是上海人，经营着一家中餐厅，在经过最初的艰苦之后，生活变得越来越富足。大学之时，朱威廉攻读的是法律，出于对警匪片的喜爱，他从小就立志要当一名警察。终于，在大学末期，他前往洛杉矶当了一年的警察。不过，父母觉得这一职业太过危险，非常担心他的安全，所以更希望他能够回家继承家业。

然而，朱威廉并不喜欢经营餐馆，他觉得这种工作太过枯燥，与自己向往的生活相去甚远。而且作为一个男人，在自己家中做事，完全没有自我价值的体现，没有独立的感觉。所以，虽然他为了不使父母担心而放弃了警察职业，但朱威廉始终没有同意经营餐馆。

当时，中国正处于高速发展时期，许多外商都选择在中国投资。于是，1994 年，朱威廉带着 3 万美金来到上海。他想得很天真，以为来了就可以成就一番大事业。可到了上海他才发现，自己的想法竟是如此幼稚——别人投资动辄几十万甚至几百万美金，而自己只有区区 3 万美金。而且，他一到上海就住在了高级宾馆中，每晚至少要花费 200 美金。半年之内，朱威廉连续搬家，从五星到四星、三星、两星、一星、没星，最后落魄到租住一间 20 多平方米的旧民房，连空调都没有安装。这时候，他的口袋里只剩下了几千块美金。

到了山穷水尽的时候，他也打过退堂鼓，觉得在中国做事业太难，人多，竞争也大。有一次，他都到了机场，甚至连行李也已办完托运。可坐在机场休息大厅里一想“就这么回去多没面子啊”！以前来自家餐厅吃饭的多是中国人，很多人都会大叫：“我要回中国做生意去了。”但过了三四个月，再回来以后，就什么都不说了，在朱威廉看来，这些人就像是夹着尾巴逃回来一样，往往成为大家的笑柄。如果就这样回去，那岂不是和他们一样了吗？这会被朋友笑死的！

于是，在飞机起飞前，朱威廉又决定重整旗鼓，从头开始，背水一战！

创业之初，他只有一个15平方米的办公室，一台从美国运来的电脑，后来招聘了两名员工，有了一点小小的知名度。那时，朱威廉还亲自跑业务，并且一连做成了几笔小生意，有了成绩，他又在大学里招了几名员工。可是好景不长，他的业务经理挖了自家墙脚，将大部分员工带走另起炉灶。朱威廉的账户里就只剩下两三百元人民币了。这件事给了他很大刺激，同时也给予了他极强的动力，他越发努力起来。几年以后，他获得了“沪上直邮广告大王”的美誉，他的总公司设在上海，员工人数达90余名，此外，在北京、重庆，朱威廉又都设立了分公司。1997年，他的公司成功加盟世界上最大的广告集团。

刚到上海时，朱威廉觉得中国的人文环境与美国文化背景差异很大，总是和人沟通不到一起去，他几乎没有朋友。一个人很孤独。于是，朱威廉经常在网上写些东西，开始的时候，只是放到其他网站上，后来就想拥有一个属于自己的、比较安静的“地盘”，可以让大家都来真诚地写点东西，互相交流一下。在这种想法的驱使下，朱威廉开设了“榕树下”网站，他先把自己写的东西放上去，后来，“路过此地”的人也开始投稿。这些文章一开始都是先投到他的信箱中，由他编辑好后再放到网站上，这样就可以控制稿件的质量。开始时，每天只有一篇、两篇，后来越投越多，多到每天接近上百篇。这样一来，朱威廉一下班就得回家进行更新，根本没有时间处理其他事情。有一次，他去伦敦开会，在那里更新网站，结果花了一千多英镑。

长此以往不是办法，他决定成立一个编辑部。1999 年 1 月，“榕树下”编辑部正式成立，设有十几位编辑，原来都是“榕树下”的作者。当时他做梦也没想到，“榕树下”后来会成为影响网络文学发展的一个重要网站。朱威廉以自己广告公司的盈利来养着“榕树下”，仅在最初的半年，开支就超过了百万元，但他并没有后悔，因为“榕树下”的点击率、访问人数在成倍增长，越来越多的人喜欢上了“榕树下”。

作家王安忆曾说道——“榕树下”是“前人栽树，后人乘凉”，这让朱威廉非常感动，或许这正是对他坚持理想的一个最大赞誉。

开弓没有回头箭，箭镞一旦射出，必然是有去无回。人生同样如此，迈出脚步以后，若发现路上设有障碍，不妨绕过去或是另辟蹊径，但绝对不能后退到原点，这是有理想、有抱负的年轻人必须奉行的一种坚持！

九、就做自己，你不能让所有人都满意

做到问心无愧代价不菲，只要做得对就是最大的安慰。不管是谁只活一回，对得起自己，也就不必说后悔。问天问地问心无愧，只要做得对不管有没有人陪。不管是谁只活一回，对得起自己，永远别问痛不痛、累不累。

最重要的是忠于你自己

忠于自己，也就是积极地评价自己。不管在别人眼里有多少毛病，都始终自我感觉良好，应该努力在个性张扬中活出属于自己的精彩。

生活中，许多人喜欢追求完美，但真正的完美没有几个人能追求到，于是就有了遗憾、有了痛苦、有了失落感。其实这大可不必，因为生活本来就没有绝对的完美，只有正确地评价自己，看到自己的优点和长处，你才能够拥有不断进取的勇气和力量。

成功者总是这样认为："我喜欢我自己，我就是我。没有比这更美好的了，包括我的出生、我的生长，我为我就是我而庆幸。无论我生在什么时代，我都不愿成为别的什么人，而只愿成为自己。"正是这种凡事向前看的思考方法，才会使人积极地进行自我评价。当然，这种善于自我肯定的思考方法，并不一定是天生的。它也是在日常生活中通过不懈修炼得来的。

在一次演讲比赛上，有位女同学向老师抱怨自己的演讲没有达到自己预期的效果。她说当她站起来演讲时，立刻意识到自己笨拙、胆怯的表现，而班上的其他学员似乎都显得泰然自若，很有信心。她一旦想到自己的种种缺点，便失去了勇气，无法再讲下去了。她还详细地分析了自己的弱点，以求解决的办法。

等她讲完后，老师告诉她，别总想着自己的弱点，并不是缺点使自己讲得不够好，而是自己没有把长处发挥出来。

的确，并不是缺点使人们的演讲、艺术作品或个性显得失败。狄更斯的小说里有不少过度矫情的地方；莎士比亚的戏剧里也有许多历史和地理上的错误。但人们读他们的作品时，没人会注意这些缺点，这些作品之所以会闪耀着不朽的光辉，是因为它们的优点十分显著，以致连缺点都变得不重要了。人们爱自己的朋友，是因为他们的种种优点，而不是缺点。把注意力放在自身的优良品质上，培养优点，克服弱点，认识到你的一生都是在前进，在开发自我。有了这种认识，然后加以坚持不懈的努力，这样才能不断进步，并自我实现。

遗憾的是，生活中总有些消极的情绪影响我们做出正确的自我评价。精神病理学家巴纳德·赫兰博士曾对那些少年犯做过如下评述："初见他们时常给人以独立心极强的印象，富有反抗，对父母、教师、警察等象征某种权力的人怀有嫌恶感，并对一切都表示不满和不服。然而在他们过度防御的坚实盔甲下面隐藏的却是一颗极其柔弱易碎的心灵。实际上他们在任何时候都希望依赖某个人。"

当我们犯下一些错误或是失去生活中的某种机会时，总是习惯于向别人抱怨。要知道，这种向别人诉说你不喜欢自己的地方，只能是加强你继续对自己不满，因为别人对此几乎总是无能为力的，至多只能加以否认，可你又不会相信他们的话。向别人抱怨是无济于事的，只有自己给予自己一个积极而且比较客观的评价，才有利于你的进步。

有了对自己的正确评价，你就会懂得真正的自我不在于形式的表现，而是一种内心的强大力量。诺贝尔和平奖获得者鲍尔奇曾经受托为一个晚宴确定宾客座次，要使所有有身份的人都感到满意，这件事确实会令人为难，即使对一个专业的礼仪公司来讲也不大好办。而鲍尔奇运用自己独特的办法去做这件事。在宴会前，他告诉大家，请宾客自便，喜欢坐在哪儿就坐在哪儿，他说：“真正重要的人都是不在乎别人怎么看待自己的，而在乎的人都是不重要的。”

我们应该承认这样一个事实：“人是具有个性的存在。”此外，我们还可以这样理解：“世界上的任何人，都应该享有发挥自己才能的平等权利。”

在莎士比亚的《哈姆雷特》中，宰相波洛涅斯这样说：“最最重要的是忠于你自己。你只要遵守这一条，剩下的就是等待黑夜与白昼的交替，万物自然地流逝；倘若果真有必要忠于他人，也不过是不得不那样去做。”

你是独一无二的

每个人都有自己的天性、适合自己的生活方式，每个人都有自己存在的价值，不要妄自菲薄，不要理会别人的质疑，因为世界上只有一个你。

你是不是有时候也会质疑自己？也觉得无法埋首于任何事？许多人都有“觉得现在的自己不像真正的自己”“不知道自己现在到底最想做什么”的情形。于此状态下，不管做什么都得不到充实感，只感觉疲倦而已。这种人，连做什么好想做什么都不知道，只心灰意懒，在无力感中过日子。由于有一种无法脚踏实地的不安感，于是便无法埋首于任何事。

生命对于每一个人来说都只有一次，珍惜生命首先是要尊重自己的生活方式，只有这样，人生的负重和疲惫才会在自己充满乐趣的生活方式中得到减轻和复原。为自己而生活，表面上看起来有点自私，然而，又有谁能否认只有在为自己而愉快健康地生活的基础上，才能更好更持久地为社会、为别人做奉献呢？

人来到这个世界，就是来走上帝所赠予我们的路。这是一种幸运。不是吗？不管是遍地荆棘，还是到处是花，我们都同样地来到这个世界。同呼吸，同看日出日落。大人物有大人物的追求，小人物有小人物的向往。而不管你是一个什么样的人，都不要怀疑自我存在的价值。

有一个女孩，她生来就有六个手指，两只手都是，为了这双畸形的手，从小到大她吃了不少苦头。上了大学后，她喜欢上了班里的一个男孩，那个男孩是学生会干部，又高又帅，又有风度，迷倒了校内无数女孩。毕业前夕，女孩忍不住心中的渴望，她想对那个男孩表白，她把这件事告诉了她的好朋友，她的好朋友吃惊地看着她："天啊！我知道他对你不错，还几次跟别人夸过你，可你确定他对你有那个意思吗？你的手——你们真的不太相配！"女友的话击垮了女孩的信心。第二天一早，女孩就向学校递交了去支援西部的志愿书，没有和任何人告别，一个人伤心地去了西部当老师。有一天她正在上课时，一个小女孩握着笔哭了起来。"怎么了？"她温柔地问那个小女孩，女孩抽泣地伸出手："为什么我不能跟你一样？我也想要老师那样美丽的手！"小女孩的话让她呆住了！她第一次想到：原来自己也被别人羡慕着，原来自己也有存在价值，真不明白，以前自己为什么会否定自己呢？她跑到公用电话亭，拨通了男孩的手机，将自己的心路历程明明白白地告诉了他，电话里那男孩沉默了几秒钟，然后他大声说："等着我！处理完这边的事我马上就去找你，请等着我！"

其实，女娲造人时并不公平：有人俊俏，有人奇丑无比；有人健康强壮，有的人百病缠身；有的人出生时身体完美无缺，有的人却缺手缺脚。但无论如何，人活在世上总要生活。问题是你是否热爱生活，能否认清自我的真正价值。

如果一个人对价值理念缺乏定向，往往会导致这个人对现存社会价值观念产生怀疑和不满，无法确信生活的意义而使自我迷失。每个人到了老年时会反省过去的一生，将前面的生命历程整合起来，以评估自己的一生是否活得有意义、有价值，是否已达到自己梦寐以求的目标。

一个人如果认为自己拥有独特的并且有价值的一生，便会觉得一生完美无缺、死而无憾，而且由经验中产生超然卓越的睿智，更能无惧地面对死亡。相反，如果否定自己一生的价值，便会对以往的失败悔恨，余生充满悲观和绝望。因此，不要怀疑自己，更不要否定自己！因为，无论如何，世界上只有一个你，你是独一无二的。“三军可夺帅，匹夫不可夺志。”别人否定你并不可怕，自己绝不要否定自己。

别做别人意见的傀儡

别人公正的看法，应当作为我们的参考，以利于修身养性；别人不公正的看法，不要把它放在心上。记住，你有选择自己生活的权利，你应该成为自己命运的主宰。

听取和尊重别人的意见固然重要，但无论何时千万不要人云亦云，做别人意见的傀儡，否则你不但会在左右摇摆不知所往中身心疲惫，失去许多可贵的成功机会，而且还会失去自己。做自己认为对的事，成为自己想成的人，无论成败与否，你都会获得一种无与伦比的成就感和自我归属感。正如但丁的那句豪言：走自己的路，让别人说去吧！

有个人一心一意想升官发财，可是从年轻熬到斑斑白发，却还只是个小公务员。这个人为此极不快乐，每次想起来就掉泪，有一天竟然号啕大哭起来。

一位新同事刚来办公室工作，觉得很奇怪，便问他到底为什么难过。他说："我怎么不难过？年轻的时候，我的上司爱好文学，我便学着作诗、学写文章，想不到刚觉得有点小成绩了，却又换了一位爱好科学的上司。我赶紧又改学数学、研究物理，不料上司嫌我学历太低，不够老成，还是不重用我。后来换了现在这位上司，我自认文武兼备，人也老成了，谁知上司又喜欢青年才俊，我……我眼看年龄渐高，就要退休了，一事无成，怎么不难过？"

可见，没有自我的生活是苦不堪言的，没有自我的人生是索然无味的，丧失自我是悲哀的。要想拥有美好的生活，自己必须自强自立，拥有良好的生存能力。没有生存能力又缺乏自信的人，肯定没有自我。一个人若失去自我，就没有做人的尊严，就不能获得别人的尊重。

活着应该是为了充实自己，而不是为了迎合别人的旨意。没有自我的人，总是考虑别人的看法，这是在为别人而活着，所以活得很累。有些人觉得：老实巴交，会吃亏，被人轻视；表现出众，又引来责怪，遭受压制；甘愿瞎混，实在活得没劲；有所追求吧，每走一步都要加倍小心。家庭之间、同事之间、上下级之间、新老之间、男女之间……种种飞短流长的议论和窃窃私语，可以说是无处不在、无孔不入。如果你的听觉视觉尚未失灵，再有意无意地卷入某种旋涡，那你的大脑很快就会被塞满乱七八糟的东西，弄得你头晕眼花、心乱如麻，岂能不累呢？

从前，有一个士兵当上了军官，心里甚是欢喜。每当行军时，他总喜欢走在队伍的后面。

一次在行军过程中，他的敌人取笑他说："你们看，他哪儿像一个军官，倒像一个放牧的。"

军官听后，便走在了队伍的中间，他的敌人又讥讽他说："你们看，他哪儿像个军官，简直是一个十足的胆小鬼，躲到队伍中间去了。"

军官听后，又走到了队伍的最前面，他的敌人又挖苦他说："你们瞧，他带兵打仗还没打过一个胜仗，就高傲地走在队伍的最前边，真不害臊！"军官听后，心想：如果什么事都得听别人的话，自己连走路都不会了。从那以后，他想怎么走就怎么走了。

人如果没了自己的主见，经不起别人的议论，那么就会一事无成，最后都不知该怎么办。我们若想活得不累，活得痛快、潇洒，只有一个切实可行的办法，就是改变自己，主宰自己，不再相信"人言可畏"。

我们每个人绝无可能孤立地生活在这个世界上，几乎所有的知识和信息都要来自别人的教育和环境的影响，但你怎样接受、理解和加工、组合，是属于你个人的事情，这一切都要独立自主地去看待、去选择。谁是最高仲裁者？不是别人，而是你自己！歌德说："每个人都应该坚持走为自己开辟的道路，不被流言所吓倒，不受他人的观点所牵制。"让人人都对自己满意，这是个不切实际、应当放弃的期望。

我们周围的世界是错综复杂的，我们所面对的人和事总是多方面、多角度、多层次的。我们每个人都生活在自己所感知的经验现实中，别人对你的反映大多有其一定的原因和道理，但不可能完全反映你的本来面目和完整形象。别人对你的反映或许是多棱镜，甚至有可能是让你扭曲变形的哈哈镜，你怎么能期望让人人都满意呢？

如果你期望人人都对你看着顺眼、感到满意，你必然会要求自己面面俱到。不论你怎么认真努力，去尽量适应他人，能做得完美无缺，让人人都满意吗？显然不可能！这种不切实际的期望，只会让你背上一个沉重的包袱，顾虑重重，活得太累。

一位画家想画出一幅人人见了都喜欢的画。画毕，他拿到市场去展出。画旁放一支笔，并附上说明：每一位观赏者，如果认为此画有欠佳之笔，均可在画中涂上记号。晚上，画家取回画，发现整个画面都涂满了记号——没有一处不被指责。画家十分不快，对这次尝试深感失望，他决定换一种方法去试试。画家又摹了一张同样的画拿到市场上展出。可这次，他要求观赏者将其最为欣赏的妙笔标上记号。当画家再取回画时，画面又被涂遍了记号，一切曾被指责的笔画，如今却都换上了赞美的标记。

我们无法改变别人的看法，能改变的仅是我们自己。每个人都有每个人的想法，每个人都有每个人的看法，不可能强求统一。我们应该把主要精力放在踏踏实实做人上、兢兢业业做事上以及刻苦学习上。改变别人的看法总是艰难的，改变自己总是容易的。

有时自己改变了，也能恰当地改变别人的看法。光在乎别人随意的评价，自己不努力自强，人生就会苦海无边。

做你自己该做的选择

学会选择，不要被他人的论断束缚了自己前进的步伐。追随你的热情，追随你的心灵，它们将带你到你想要去的地方。

人生就是一场比赛，在冲向终点的过程中，难免有人会向你打压、向你喝倒彩。你是想要成功还是想要平凡无为？倘若有人对你说“停下吧，你的目标无法实现”，你又该如何应对？

几只蛤蟆在进行“田径比赛”，终点是一座高塔的顶端，周围有一大群蛤蟆前来观战。

比赛刚开始不久，观众便大声议论起来：“真不知道它们是怎样想的，做这种不现实的事情，它们怎么可能蹦到塔顶呢？简直是天方夜谭！”

过了不久，观众们开始为蛤蟆选手们喝倒彩：“喂，你们还是停下来吧！这场比赛根本不现实，这是不可能达到的目标！”

陆续地，蛤蟆选手们一一被说服，它们退却了，停了下来。然而，却有一只蛤蟆始终不为所动，一往无前地向前……向前……

比赛结果，其他蛤蟆选手全部半途而废，唯有那只蛤蟆以惊人的毅力完成了比赛。所有蛤蟆都很好奇——为什么它有这么强的毅力呢？这时它们才发现，原来它是一只聋蛤蟆。

别人的评价，不能够成为你行动的基准，如此一来，还有什么自我可言？有些时候，我们索性就让自己做一只“聋蛤蟆”吧！这样，你反而会收获更多。

英国剑桥郡的世界第一名女性打击乐独奏家伊芙琳·格兰妮说：“从一开始我就决定：一定不要让其他人的观点阻挡我成为一名音乐家的热情。”

她出生在苏格兰东北部的一个农场，从8岁时她就开始学习钢琴。随着年龄的增长，她对音乐的热情与日俱增。但不幸的是，她的听力却在渐渐地下降，医生们断定是由于难以康复的神经损伤造成的，而且断定到12岁，她将彻底耳聋。可是，她对音乐的热爱却从未停止过。

她的目标是成为打击乐独奏家，虽然当时并没有这么一类音乐家。为了演奏，她学会了用自己特有的方式来感受其他人演奏的音乐。她不穿鞋，只穿着长袜演奏，这样她就能通过她的身体和想象感觉到每个音符的震动，她几乎用她所有的感官来感受着她的整个声乐世界。

她决心成为一名音乐家，而不是一名聋的音乐家，于是她向伦敦著名的皇家音乐学院提出了申请。

因为以前从来没有一个聋学生提出过申请，所以一些老师反对接收她入学。但是她的演奏征服了所有的老师，她顺利地入了学，并在毕业时荣获了学院的最高荣誉奖。

从那以后，她的目标就致力于成为一位出色的专职的打击乐独奏家，并且为打击乐独奏谱写和改编了很多乐章，因为那时几乎没有专为打击乐而谱写的乐谱。

至今，她已经成为一位出色的专职打击乐独奏家了，因为她很早就下了决心，不会仅仅由于医生诊断她完全变聋而放弃追求，因为医生的诊断并不能阻止她对音乐的执着热爱与追求。

事实证明：伊芙琳·格兰妮的选择是正确的。如果她是个软弱的人，只是听从医生给她下的结论而不与命运去抗争，那样她的音乐才华不仅泯灭了，人类历史上也会少了一个著名的打击乐演奏家，那样岂不是我们人类的巨大损失吗？

人生难免会遇到这种情况，很多时候，旁观者会对你做出主观评价，以他们的视角来审视你的人生。于是，往往会对你做出不公正的“宣判”。这时，请不要在意别人的看法，做你自己、做你自己该作的选择，画出你自己的人生色彩！

管他别人怎么看

一个人活在别人的价值观里就会变得虚荣，因为太在意别人的看法就会失去自我。每个人都应当为自己而活，追求自我价值的实现以及自我的珍惜。如果你追求的幸福是处处参照他人的模式，那么你的一生都会悲惨地活在他人的价值观里。

生活中的人常常很在意自己在别人的眼里究竟是一个什么样的形象，因此，为了给他人留下一个比较好的印象，许多人总是事事都要争取做得最好，时时都要显得比别人高明。在这种心理的驱使下，人们往往把自己推上一个永不停歇的、痛苦的人生轨道上。那么，人应该永远活在别人的价值观里吗？

有一天下午，苏菲正在弹钢琴时，7岁的儿子走了进来。他听了一会儿说："妈，你弹得不怎么高明吧？"

不错，是不怎么高明。任何认真学钢琴的人听到她的演奏都会退避三舍，不过苏菲并不在乎。多年来苏菲一直这样不高明地弹，弹得很高兴。

苏菲也喜欢不高明地唱歌和不高明地绘画。从前还自得其乐于不高明的缝纫，后来做久了终于做得不错。苏菲在这些方面的能力不强，但她不以为耻。因为她不愿意活在别人的价值观里，她认为自己有一两样东西做得不错。

“啊，你开始织毛衣了，”一位朋友对苏菲说，“让我来教你用卷线织法和立体织法来织一件别致的开襟毛衣，织出十二只小鹿在襟前跳跃的图案。我给女儿织过这样一件。毛线是我自己染的。”苏菲心想，我为什么要找这么多麻烦？做这件事只不过是为了使自己感到快乐，并不是要给别人看以取悦别人。直到现在为止，苏菲看着自己正在编织的黄色围巾每星期加长五至六厘米时，还是自得其乐。

从苏菲的经历中不难看出，她生活得很幸福，而这种幸福的获得正在于，她做到了不是为了向他人证明自己是优秀的而有意识地去索取别人的认可。改变自己一向坚持的立场去追求别人的认可并不能获得真正的幸福，这样一条简单的道理并非人人都能在内心接受它，并按照这条道理去生活。因为他们总是认为，那种成功者所享受到的幸福就在于他们得到了这个世界大多数人的认可。

其实，获得幸福最有效的方式就是不为别人而活，不让别人的价值观影响自己，就是避免去追逐它，就是不向每个人去要求它。通过和你自己紧紧相连，通过把你积极的自我形象当作你的顾问，通过这些，你就能得到更多的认可。

电影明星佛莱德·艾斯泰尔在成名之前是舞蹈演员，他1933年到米高梅电影公司首次试镜后，在场导演给他的评语是“毫无演技，前额微秃，略懂跳舞”。后来艾斯泰尔将这张纸裱起来，挂在比弗利山庄的豪宅中。

美国职业足球教练文斯伦巴迪当年曾被批评“对足球只懂皮毛，缺乏斗志”。

哲学家苏格拉底曾被人贬为“让青年堕落的腐败者”。

彼得·丹尼尔小学四年级时常遭到老师菲利浦太太的责骂：“彼得，你功课好差；脑袋不行，将来别想有什么出息！”彼得在26岁前仍是大字不识几个，有次一位朋友念了一篇《思考才能致富》的文章给他听，给了他相当大的启示。现在他买下了当初他常打架闹事的街道，并且出版了一本书《菲利浦太太，你错了！》。

贝多芬学拉小提琴时，技术并不高明，他宁可拉他自己作的曲子，也不肯做技巧上的改善，他的老师说他绝不是个当作曲家的料。

歌剧演员卡罗素美妙的歌声享誉全球。但当初他的父母希望他能当工程师，而他的老师则说他那副嗓子是不能唱歌的。

发表《进化论》的达尔文当年决定放弃行医时，遭到父亲的斥责：“你放着正经事不干，整天只管打猎、捉狗、捉耗子的。”另外，达尔文在自传上透露：“小时候，所有的老师和长辈都认为我资质平庸，我与聪明是沾不上边的。”

沃特·迪士尼当年被报社主编以缺乏创意的理由开除，建立迪士尼乐园前也曾破产好几次。

爱因斯坦4岁才会说话，7岁才会认字。老师给他的评语是：“反应迟钝，不合群，满脑袋不切实际的幻想。”他曾遭到退学的命运。

法国化学家巴斯德在读大学时表现并不突出，他的化学成绩在 22 人中排第 15 名。

牛顿在小学的成绩一团糟，曾被老师和同学称为“呆子”。

罗丹的父亲曾怨叹自己有个白痴儿子，在众人眼中，他曾是个前途无“亮”的学生，艺术学院考了三次还考不进去。他的叔叔曾绝望地说：“孺子不可教也。”

《战争与和平》的作者托尔斯泰，读大学时因成绩太差而被劝退学。老师认为他：“既没读书的头脑，又缺乏学习的兴趣。”

如果这些人不是尽力唱出自己的声音，而是被别人的评论所左右，怎么能取得举世瞩目的成绩？

在人生这条路上，不要太在意别人的看法，你管他别人怎么说！只要自己认定是对的，大可义无反顾地走下去。

不要拿别人的标准来衡量自己

每个人都是独一无二的，不要企图像别人看齐，更不要拿别人的标准来衡量自己，那样只会适得其反。

每个人都是不同的，这注定每个人的人生都将千差万别。而有些人总是喜欢拿自己的缺点和别人的优点相比，这就是自卑的原因。接着，自卑又强烈地刺激了一个人的自尊心，也就是我们所说的“自尊心太强”，其实，这也是虚荣心的表现。虚荣心强的人，过于自尊却缺乏自信，容易产生一种忌妒心理，不能容忍别人超过自己。这既是一种不良情绪，又是一种错误行为，轻则危害身体健康，重则导致人生的失败。

麦克斯·威尔医师在罗斯福执政期间，曾负责为总统夫人的一位朋友做一个手术。

事后，罗斯福夫人邀请他到白宫去。他在那里过了一夜，据说隔壁就是林肯总统曾经睡过的房间，他为此感到无比荣幸。

那天晚上，他想着隔壁就是总统睡过的房间，根本没有睡意，他开始用白宫的文具和纸张写信给母亲、朋友……

他在心里对自己说：“麦克斯，你真的来到白宫了，这是多少人梦寐以求的事情啊！”

第二天一早起来，他下楼用早餐，总统夫人已经等在那里了。他吃着盘中的炒蛋，心里想着回去以后该如何向自己的家人和朋友描述这个美好的情景。

但是，问题出现了，因为仆人又送来了一托盘的鲑鱼，而他什么都吃，就是从不吃鲑鱼，因此畏惧地对着那些鲑鱼发呆。

罗斯福夫人向麦克斯微笑，指着总统先生说：“他很喜欢吃鲑鱼。”

麦克斯考虑了一下，心想：“我是什么人？怎么能怕鲑鱼？总统都觉得好吃，我就不能觉得很好吃吗？”

于是，他切着鲑鱼，并混着炒蛋一起吃下去。结果，他从下午开始就浑身不舒服，一直到晚上仍然很想呕吐。

后来，麦克斯一直思索，这件事有什么意义呢？他在著作《心灵的慧剑》中写下了自己的感想："很简单，其实我一点也不想吃鲑鱼，而且根本也不必吃，但是我为了附和总统而背叛了自己。虽然这是件小事，很快就过去了，可是换个角度想，这不正是许多人为了成功最常碰到的陷阱之一吗？"这个故事提醒人们，每个人都有各自的特点，也有各自的长处，不要拿别人的标准来衡量自己。

有自卑感的人，为了要取得优越地位所做的努力，往往会使错误更加严重。因为，他在做自己不擅长的事，在做自己不喜欢的事，就完全失去了自我。这会为他招来更多的困扰，使他受到更多的挫折，一切都会变得不顺利，愈努力愈糟糕。

伊笛丝·阿雷德太太从小就特别敏感而腼腆，她的身体一直太胖，而她的一张脸使她看起来比实际还胖得多。伊笛丝有一个很古板的母亲，她认为把衣服弄得漂亮是一件很愚蠢的事情。她总是对伊笛丝说："宽衣好穿，窄衣易破。"而母亲总照这句话来帮伊笛丝穿衣服。所以，伊笛丝从小就习惯于把自己包裹在肥大的衣服里，也越来越觉得自己肥胖丑陋。她变得非常自卑。伊笛丝从来不和其他的孩子一起做室外活动，甚至不上体育课。她非常害羞，觉得自己和其他的人都"不一样"，完全不讨人喜欢。

长大之后，伊笛丝嫁给一个比她大好几岁的男人，可是她并没有改变。她丈夫一家人都很好。伊笛丝尽最大的努力要像他们一样，可是她做不到。他们为了使伊笛丝开朗而做的每一件事情，都只是令她更退缩到她的壳里去。伊笛丝变得紧张不安，躲开了所有的朋友，情形坏到甚至怕听到门铃响。伊笛丝知道自己是一个失败者，又怕她的丈夫会发现这一点，所以每次他们出现在公共场合的时候，她都假装很开心，结果常常做得太过分。事后，伊笛丝会为此难过好几天。最后不开心到使她觉得再活下去也没有什么道理了，伊笛丝开始想自杀。

后来，是什么改变了这个不快乐的女人的生活呢？只是一句随口说出的话。

有一天，她的婆婆正在谈怎么教养她的几个孩子，她说：“不管事情怎么样，我总会要求他们保持本色。”

“保持本色！”就是这句话！在那一刹那，伊笛丝才发现自己之所以那么苦恼，就是因为她一直在试着让自己适应一个并不适合自己的模式。

伊笛丝后来回忆道：“在一夜之间我整个改变了，我开始保持本色。我试着研究我自己的个性、自己的优点，尽我所能去学色彩和服饰知识，尽量以适合我的方式去穿衣服，主动地去交朋友。我参加了一个社团组织——起先是一个很小的社团——他们让我参加活动，把我吓坏了。可是我每发过一次言，就增加了一点勇气。今天我所有的快乐，是我从来没有想过可能得到的。在教养我自己的孩子时，我也总是把我从痛苦的经验中所学到的结果教给他们：‘不管事情怎么样，总要保持本色。’”

所以，不要拿“他人”的标准来衡量自己，因为你不是“他人”，也永远无法用他人的标准来衡量自己；同样地，他人也不该以你的标准来衡量自己。只要你了解了这个简单、明显的真理，接受它，相信它，你的自卑感就会消失得无影无踪。

但求问心无愧

人类社会充满矛盾，若没有矛盾，或许就不存在所谓的世界了。一个人活着，不可能随所有人的意，甚至有时会被人误解、冤枉……其实，你不必太过在乎，关键是你能不能做到问心无愧，这样，你才是真正地在做人。

人，是一种高级的社会性动物。做人，不仅要有感性，更要有理性。在一个人的整个生命过程中，要不断地与人交往，做各种各样的事情。华夏民族千年传统告诉我们：要做好人，才能做好事。可是，如何才能将人做好，将事情做好呢？

事实上，要做到这一点真的很难。毕竟，人与人之间的想法、价值观、性格取向是不同的，即便你再怎么努力，也无法做到人人满意。所以说，我们做人做事，没必要苛求完美，能做到“不求尽如人意，但求无愧我心”就可以了。

通常而言，人们往往把事情分为好坏两种。如何判别好与坏、是与非，每个人都有其标准。或许某些人认为的好事，在另一人看来则是坏的；或许某些人认为的坏事，在其他人看来又是好的。于是，这个社会便有了矛盾与分歧，有了纠纷与对抗。基于此，我们做人做事，就要有自己的一套准则，它或许与别人的观点相悖，甚至与传统的观念相抵触，甚至是背叛一些做人的信条，但是，只要我们——问心无愧。

美国南部一个安静的小镇上，刺耳的枪声划破了午后的沉寂。他是刚入警局不久的年轻助手，今天随警长出警。

一位年轻人倒在地板上，身下有一摊血迹，右手无力地摊开，手枪滚落一旁。身旁的遗书上笔迹凌乱，而他钟爱的女子在昨天与另一个男人走进了教堂。

死者的6位亲友都呆呆地伫立着，一个年轻警员禁不住向他们投去同情的一瞥。年轻警员知道他们的哀伤与绝望，不仅是因为一个生命的消逝，还因为对于基督教徒而言，自杀便是在上帝面前犯了罪，他的灵魂从此将在地狱受烈焰焚烧。而风气保守的小镇居民会视他们全家为异教徒，从此不会有好人家的男孩子约会他们的女儿，也不会有良家女子肯接受他们儿子的戒指与玫瑰。

这时，一直沉默着、紧锁双眉的警长突然开口：“不，这是谋杀！”他弯下腰，在死者身上摸索许久，忽然转过头来，用威严的语调问：“你们有谁看见他的银挂表了吗?”

那块银挂表，镇上的每个人都认得，是那女子送给年轻人唯一的信物。每个人都记得他是如何5分钟便拿出来看一次时间，在阳光下，挂表闪闪发光，仿佛一颗银色的、温柔的心。

所有人都慌忙否认。警长严肃地站起身：“如果你们都没有看到，那就一定是凶手拿走了，这是典型的谋财害命。”

死者的亲人号啕大哭起来，仿佛那捆压垮骆驼的稻草自他们身上取了下来，而邻居们也开始上门表达他们的慰问和吊唁。警长充满信心地宣布：“只要找到银挂表就可以找到凶手了！”

门外，阳光如蜜，风似薄荷，大草原上五月滚动的长草像燃烧着的绿色波浪。年轻警员对警长的明察秋毫钦佩到无以复加的程度，他问：“我们该从哪里找起呢？”

警长的嘴角多了一抹偷偷的笑意，慢慢伸手从口袋里掏出一块挂表。

年轻警员忍不住叫出声：“难道是……”

警长看着周围广阔的草原，微笑点头，“幸好任何人都知道，大草原上要寻找一个凶手和寻找一株毒草是一样困难的。”

“他明明是自杀，你为什么偏要说是谋杀呢？你让他的家人更加难过了。”

“但是他们不用担心他灵魂的去处，而他们在哭泣过后，还可以像任何一个好基督徒一样清清白白地生活了。”

“可是偷盗、说谎一样是违背忠诚的呀。”

警长锐利的眼睛盯牢年轻警员：“年轻人，请相信我，一句因为仁爱而说的谎，连上帝也会装作没有听见。”

那是年轻警员遇到的第一桩案子，也是他一生中最重要的一课。

有时，谎话并非罪恶，相反却是善意的隐瞒。出于仁义与善良的心愿，谎话有时比真话更显美丽。只要我们的心是真实善良的，才是最重要的。

所以，别被世俗约束太多，但求无愧于心吧！

就拿那位警长来说，他说谎，将一宗自杀案定为谋杀案，这本身违背了他的职业准则，甚至背叛了当地的习俗，但是，他真的错了吗？反过来说，如果不这样做，他自己会心安吗？

所谓问心无愧，就是一个人在做某一件事时，可以扪心自问：我这样做，对别人是没有愧疚的，是对得起别人的，即便对方一时不理解、不接受。问心，问的是自己的良心，只要良心未失，就按着你的心去做吧！

做最好的自己

人并不是商品，可以用同一个模具创造无数，人的个性特点不具有复制性，每个人都是独一无二的自己。我们做人，只有按自己的方式活着，才能称得上成功。一味地盲从别人的看法，只会增加你的痛苦，并让你远离成功。

虚荣是一种欲望，一旦这种欲望得不到理性的控制，就会泛滥。泛滥的结果就会使人忘记了一个深刻的道理：做人切忌盲从，别人觉得好的，未必就适合你。对于任何一个人来说，无论是在工作中还是在生活中，最重要的不是为了迎合别人而改变自己，而是要保持本色，做最好的自己。

有一个人带了一些鸡蛋上市场贩卖，他在一张纸上写着：新鲜鸡蛋在此销售。

有一个人过来对他说："老兄，何必加'新鲜'两个字，难道你的鸡蛋不新鲜吗？"他想一想有道理，就把"新鲜"两个字涂掉了。

不久又有人对他说："为什么要加'在此'呢？你不在这里卖，还会去哪里卖？"他也觉得有道理，于是又把"在此"涂掉了。

一会儿，一个老太太过来对他说："'销售'二字是多余的，不是卖鸡蛋难道会是白送的吗？"他又把"销售"涂掉了。

这时来了一人，对他说："你真是多此一举，大家一看就知道是鸡蛋，何必写上'鸡蛋'两个字呢？"

结果，他把所有的字都涂掉了。

你不必去考虑那个卖鸡蛋人写的字是否合理，但你要记住，任何时候做任何事情，都先要清楚地知道自己在做什么，他人的意见只能成为参考，而不能一味地为了迎合别人改变自己的观点。

人活着，应该是为了充实自己，而不是为了迎合别人的旨意。没有自我的人，总是考虑别人的看法，这是在为别人而活着，所以活得很累。就像上面故事中的小贩，因为别人的看法，一次次修改自己的东西，可是这恰恰使他失去了自己最宝贵的东西——真我本色。

一个人的主见往往代表了一个人的个性，一个为了迎合别人而抹杀自己个性的人，就如同一只电灯泡里面的保险丝烧断了一样，再也没有发亮的机会。无论如何，你要保持自己的本色，坚持做你自己。

有一个女孩从小就很喜欢唱歌，她梦想将来能成为一名歌唱家，并且为此苦练基本功，付出了艰苦的劳动。

然而，美中不足的是她的牙齿长得凹凸不齐。她常常深感苦恼，不知如何是好，只得尽量掩饰。

一天，她在新泽西州的一家夜总会里演唱时，设法把上唇拉下来，盖住难看的牙齿。结果弄巧成拙，洋相百出。因为表演失败，她哭得很伤心。

这时候，台下的一位老太太走到她身旁，亲切地说："孩子，你是很有音乐天分的，我一直在注意你的演唱，知道你想掩饰的是自己的牙齿。其实，长了这样的牙齿不一定就是丑陋，听众欣赏的是你的歌声，而不是你的牙齿，他们需要的是真实。"

"孩子，你尽可以张开你的嘴引吭高歌。如果听众看到连你自己都不在乎的话，好感便会油然而生。"老太太接着说，"那些自己想去遮掩的牙齿，或许还会给你带来好运，你相信不相信？"

从此以后，女孩再也不刻意去隐藏自己的牙齿，而是放下包袱，张大嘴巴尽情地高歌。正如那位老人所说的那样，她最后成为了美国著名的歌唱家，不少歌手都纷纷模仿她，学她的样子演唱。这个女孩就是凯丝·达莉。

每个人都会有不足之处，它可能是先天的缺陷，亦有可能是后天的缺失，但这不重要。重要的是，我们能否展现一个真实的自我，活出一个本色的人生。卸下费尽心思制造的假面具，坦然地展露本我，这样你才能得到自己真正想要的东西。

少有人走的路

人对自己的人生之路进行重新选择时，应该具有超前意识，也就是说，这种选择应该是以对社会的发展趋势的正确判断和准确把握为前提，而不应是盲目的，这样，你才能保证重新选择的正确性。不随大流，走自己选择的冷僻路，是一条充满荆棘与鲜花的刺激之旅。要么跌得很惨，要么掌声雷动。但可以肯定的是，在这个过程中你是要付出很多的。但只要你有胆识，能坚持，你就可以获得无比辉煌的成功。

每一条“阳关道”上都挤满了盲目的人群，因此，这些“阳关道”有时并不好走，甚至还有摔倒或被挤出队伍的危险。“独木桥”虽然狭窄，但由于是一个人走，所以难度大大降低，“独木桥”也就成了“阳关道”。

有一次，公司请一位商界奇才作报告，大家非常希望能听他

谈谈成功之道，以对自己的发展有所帮助。

但他只是说："还是出一道题考考你们吧。"

"某地发现了一处金矿，于是人们一窝蜂似的拥去开采。然而，一条大河挡住了必经之道，如果是你，你会怎么办?"

"绕道走，就是费点时间。"有人说。

"干脆游过去。"

但是他却含笑不语，等人们议论声过后，他开口了："为什么非得去淘金？为什么不可以买一条船开展营运?"

全场愕然。

淘金确实是条"阳关道"，淘到了金子你就可以发大财，这样的好事谁不愿意去做。但淘金的人太多了，这条路就可能变成"独木桥"，为了金子动手、动口、动刀、动枪，这都不是什么稀罕事，所以你何不试试走"独木桥"呢？渡船是小本买卖，本来不会有多少利润，但因为只有你在做，所以你就占据了优势。

生活中，我们总是盯着"阳关道"，跟别人互相推着、挤着，结果很多时候弄得头破血流，却还是一无所获，但如果你能试着重新选择一条人生之路，也许会走得更顺畅。

那一年，张野第三次高考落榜，这一次，他拒绝了父母让他再复读的建议，决定去做点别的。张野的父母都是知识分子，他的哥哥姐姐也都考上了大学，父母觉得一个人如果上不了大学，那他就永远也不能出人头地，因此张野的想法在家里引起了轩然大波。没有理会家人的反对，张野开始了自己的创业历程，他相信成功的路不止一条，自己没必要非往高考的窄门挤。张野试过很多工作：卖服装，开报刊亭，办搬家公司……但都没有成功。10 年后的夏天，他在某报纸上看到了一则诚招加盟某高级干洗连锁店的广告，经过分析，他认为前景不错，便果断地投入了资金办起一间连锁店。三年过去了，张野的生意越做越大，手下已经拥有 7 间分店，并被当地评为十大杰出青年，他的父亲感叹地说："真没想到，这小子走'独木桥'竟然走出了名堂！"

张野在第三次落榜后，就决定放弃自己的大学梦，另闯一条适合自己的路，这绝不是意气用事，而是在人生路口上从另一种思路出发做出的新选择。但是，值得说明的是，这种选择并不是以消极的或者被动的方式进行的：像有的人那样，一旦在自己的人生路上遇到点挫折和坎坷，不是沉沦消极，怨天尤人，就是不思进取，自暴自弃。而是以一种"山重水复疑无路，柳暗花明又一村"的乐观、通脱、豁达的人生态度，独辟蹊径，走向人生的另一境界。

当然，做到这一点，一是要有相当坚强的意志和良好的心理素质，二是要有相当程度的自信心，三是要有在人生关键时刻敢于重新选择自己命运的勇气和魄力。三者缺一不可。因为，如果没有坚强的意志和良好的心理素质，就不能正确对待经过多次努力后的失败，就不能承受这种比摧毁人的肉体更具杀伤力的对人的心理和精神的摧毁；没有对自己相当程度的自信心，就不能在挫折和坎坷中重新站起来，并且一直走下去，更不会有在人生的关键时刻放弃大家都走的路，而重新选择属于自己的出路的勇气和魄力。

当然，做到这一点在不同的条件下具有不同的意义。比如，当社会为个人的重新选择提供了某些新选择的愿望和意向时，人的重新选择就容易得多。这就是我们经常说的时势造英雄。时势一般指时代形势处于变化多端，社会环境处于大动荡大变革时期的社会环境，这种环境实际上等于给一切具有英雄气概的人提供了一个施展才华并且成为英雄的机遇，也就是说，这是一个需要英雄而且必将产生英雄的时代。如曹操的脱颖而出在相当程度上就是时代需要和他个人的努力相一致的结果。但是，如果社会并没有为英雄的产生提供条件，或者社会正处于相对平稳的发展时期，这时，人们的思想意识也自然会处于相对平稳状态，这时英雄的产生就比较困难。特别是，当一个人的选择与时代的要求和同时代人的选择相左时，这种选择不但不会为时代所容纳和承认，同时也会遇到来自各方面的阻力。

张野无疑属于后者，这也从反面证实了在正确的方法下勇于放弃和选择的做人思路。在张野的父母看来，考上大学是一个人在社会立足的唯一办法，但张野却没有按照家庭给他规划好的路线走下去，而是义无反顾地对他的人生进行了重新选择——放弃可能让他一步登天的高考，选择了一条艰难的创业之路。

实践证明，张野的选择不但显示出他过人的胆识和魄力，而且也说明，人的价值的实现途径是多样的，关键是你能否正确地对待自己，客观地估价自己。一个人只有正确而客观地对待和估价自己，他才能够面对现实对自己的人生之路做出正确的选择。

十、自我摆渡，再苦也要笑着活

生命的日子，有时阴雨，有时晴天，有时坎坷，有时平川，一个不小心，你就会撞上没有舟的渡口、没有桥的河岸。烦闷与苦恼亦如夏日里的雷雨，突然飘过来就会将你的心打湿；挫折与苦难常常猝不及防地扑来，你甚至来不及反应就轰然倒地。倒在没有舟的渡口、没有桥的岸边，四周似乎是无尽的黑暗……这个时候，你应该在黑暗中给自己折一只船，将自己摆渡到对岸。

把药裹进糖里

在今天这种激烈的角逐面前，就算曾经在某一领域无往不利、叱咤风云的人物也难免惊慌失措，做出错误的判断。失败，只是人生的一种常态，不同的是，有些人在困境面前能够不受客观环境影响，不仅没有被击倒，反而将人生推上了更高的层次；有些人则很容易萎靡不振，把人生带入深渊。逆境，就是一种优胜劣汰。

前者甚至可以被撕碎，但不会被击倒。他们心中有一种光，那是任何外在不利因素都无法扑灭的、对于人生的追求和对未来的向往；将后者击倒的不是别人，而是他们自己，是他们的冥想中没有了信念，熄灭了心中的光。

心中有光，就会有信念，就会有力量！

曾经有这样一位母亲，她没有什么文化，只认识一些简单的文字，会一些初级的算术。但她教育孩子的方法着实令人称赞。

她家的瓶瓶罐罐总是装着不多的白糖、红糖、冰糖，那时候孩子还小，每每生病一脸痛苦，她都会笑眯眯地和些白糖在药里，或者用麻纸把药裹进糖里，在瓷缸里放上一刻，然后拿出来。那些让小孩子望而生畏的药片经这位母亲那么一和一裹，给人的感觉就不一样了，在小孩子看来就充满诱惑，就连没病的孩子都想吃上一口。

在孩子们的眼中，母亲俨然就是高明的魔术师，能够把苦的东西变成甜的，把可怕的东西变成喜欢的。

“儿啊，尽管药是苦的，但你咽不下去的时候，把它裹进糖里，就会好些。”这是一位朴实的家庭妇女感悟出的生活哲理，她没有文化，但却很懂生活。

这是一种“减法思维”，减去了药的苦涩，就不会难以下咽。如今，她的孩子都已长大成人，也都有了自己的家庭，但每当情绪低落的时候，就会想起母亲说的那句话：把药裹进糖里。

她只是个普通的家庭妇女，在物质上无法给予子女大量的支持，但带给他们的精神财富却足以令其享用一生。她灌输给子女的是一种苦尽甘来的信仰，把生活的苦包进对美好未来的冥想之中，就能冲淡痛苦；心中有光，在沉重的日子里以积极的心态去冥想，就能够改变境况。

不知大家有没有读过三毛的《撒哈拉的故事》，那里充满了苦中作乐的情趣，领略过后，恐怕你听到那些憧憬旅行、爱好漂泊的人说自己没有读过“三毛”，都会觉得不可思议。

这本书含序，一共 14 个篇章。用妈妈温暖的信启程，以白手起家的自述结尾。在撒哈拉，环境非常之恶劣，三毛生活在一群思维、生活都原始的沙哈拉威人之中，资源匮乏又昂贵，但她却颇懂得做快乐的冥想。尽管生活中有诸多的不如意，但只要有闪光点，她就会将其冥想成诙谐幽默的故事，然后娓娓道来，引人入胜。

在序里，三毛母亲写道：“自读完了你的《白手成家》后，我泪流满面，心如绞痛，孩子，你从来都没有告诉父母，你所受的苦难和物质上的缺乏，体力上的透支，影响你的健康，你时时都在病中。你把这个僻远荒凉、简陋的小屋，布置成你们的王国（都是废物利用），我十分相信，你确有此能耐。”

毫无疑问，三毛以及那位普通的母亲，都是对生活颇有感悟的人。其实生活就是一种对立的存在，没有苦就无所谓甜，如果我们都懂得在不如意的日子里给痛苦的心情加点糖，就没有什么过不去的事情。

其实我们完全可以把人生冥想成一个“吃药”的过程：在追求目标的岁月里，我们不可避免地会“感染伤病”，你可以把药直接吃下去，也可以把它裹进糖里，尽管方式有所不同，但只有一个共同的目的：尽快尽早地治愈病伤，实现苦苦追求的目标。将药裹进糖里减轻了苦痛的程度，在生命力不济之时不妨试试这个方法。

生活，十分精彩，却一定会有八九分不同程度的苦，作为成熟的人，应该懂得苦中作乐。痛苦是一种现实，快乐是一种态度，在残酷的现实面前常做快乐的冥想，便是人生的成熟。世界不完美，人心有亲疏，岂能处处如你所愿？让自己站得高一点，看得远一点，赤橙黄绿青蓝紫，七彩人生，各不相同；酸甜苦辣咸，五种滋味，一应俱全；喜怒哀乐悲惊恐，七种情感，品之不尽。成熟，就是阅尽千帆，等闲沧桑，苦并快乐着。

换个角度思考人生

世上没有任何事情是值得痛苦的，你可以让自己的一生在痛苦中度过，然而无论你多么痛苦，甚至痛不欲生，你也无法改变现实。

痛苦是一种过度忧愁和伤感的情绪体验。所有人都会有痛苦的时刻，但如果是毫无原因的痛苦，或是虽有原因但不能自控、重复出现，就属于心理疾病的范畴了。这时如果还不及时调整，一味地痛苦下去，就会出问题——你随时可能崩溃掉。

当下，痛苦俨然已经成为一种社会通病，几乎每个人都在叫嚷着“我好痛苦!”但大家想明白没有：令人感到痛苦的是什么?痛苦又能给人带来什么？毫无疑问，痛苦这种情绪消极而无益，既然是在为毫无积极效果的行为浪费自己宝贵的时光，那么我们就必须做出改变。不过，我们要改变的不是诱发痛苦的问题，因为痛苦不是问题本身带来的，我们需要改变的是对于问题的看法，这会引导我们走向解脱。

有一个年轻人，刚刚升职一个多月，办公室的椅子还没坐热，就因为工作失误被裁了下来，雪上加霜的是，与他相恋了五年的女友在这时也背叛了他，跟着别人走了。事业、爱情的双失意令他痛不欲生，万念俱灰的他爬上了以前和女友经常散步的山。

一切都是那么熟悉，又是那么陌生。曾经的山盟海誓依稀还在耳边，只是风景依旧，物是人非。他站在半山腰的一个悬崖边，往事如潮水般涌上心头，“活着还有什么意思呢?”他想，“不如就这样跳下去，反倒一了百了。”

他还想看看曾经看过的斜阳和远处即将靠岸的船只，可是抬眼看去，除了冰冷的峭壁，就是阴森的峡谷，往日一切美好的景色全然不见。忽然间又是狂风大作，乌云从远处逐渐蔓延过来，似乎一场大雨即将来临。他给生命留了一个机会，他在心里想“如果不下雨，就好好活着，如果下雨就了此余生。”

就在他闷闷地抽烟等待时，一位精神矍铄的老人走了过来，拍拍他的肩膀说：“小伙子，半山腰有什么好看的?再上一级，说不定就有好景色。”老人的话让他再也抑制不住即将决堤的泪水，他毫无保留地诉说了自己的痛苦遭遇。这时，雨下了起来，他觉得这就是天意，于是不言不语，缓缓向悬崖走去。老人一把拉住了他，“走，我们再上一级，到山顶上你再跳也不迟。”

奇怪的是，在山顶他看到了截然不同的景色。远方的船夫顶着风雨引吭高歌，扬帆归岸。尽管风浪使小船摇摆不定，行进缓慢，但船夫们却精神抖擞，一声比一声有力。雨停了，风息了，远处的夕阳火一样地燃烧着，晚霞鲜艳得如同一面战旗，一切显得那么生机勃勃。他自己也感到奇怪，仅仅一级之差，一眼之别，却是两个不同的世界。

他的心情被眼前的图画渲染得明朗起来。老人说:“看见了吗?绝望时,你站在下面,山腰在下雨,能看到的只是头顶沉重的乌云和眼前冰冷的峭壁,而换了个高度和不同的位置后,山顶上却风清日丽,另一番充满希望的景象。一级之差就是两个世界,一念之差也是两个世界。孩子,记住,在人生的苦难面前,你笑世界不一定笑,但你哭脚下肯定是泪水。”

几年以后,他有了自己的文化传播公司。他的办公室里一直悬挂着一幅山水画,背景是一老一少坐在山顶手指远方,那里有晚霞夕阳和逆风归航的船只。题款为:“再上一级,高看一眼”。

当人生的理想和追求不能实现时、当那些你以为不能忍受的事情出现时,请换一个角度思考人生,换个角度,便会产生另一种哲学,另一种处世观。

一样的人生,异样的心态。换个角度思考人生,就是要大家跳出来看自己,跳出原本的消极思维,以乐观豁达、体谅的心态来观照自己、突破自己、超越自己。你会认识到,生活的苦与乐、累与甜,都取决于人的一种心境,牵涉人对生活的态度,对事物的感受。你把自己的高度升级了,跳出来换个角度看自己,就会从容坦然地面对生活,你的灵魂就会在布满荆棘的心灵上作出勇敢的抉择,去寻找人生的成熟。

那么,你的心情现在怎样了?请大家一起来重复一下下面这个简单的步骤:

对自己说一句简短的话,说上几遍,每一次要深呼吸,放松。然后对自己说,同时心里想:“不要怕。”

深呼吸，睁开眼睛，再轻松地闭起来，告诉自己：“不要怕。”

仔细想想这些有魔力的字句，而且要真正相信，不要让你的心仍彷徨在痛苦和烦恼之中。

把折磨当成是鞭策

人活着，不可避免地要承受一些折磨，它来自方方面面，你想躲也躲不掉。对待那些不可抗的因素，我们多数人还能够释怀，但对待那些人为的折磨，我们多数人可能就要耿耿于怀了。

其实我们可以换一种心态去看待。别把它当成消极的打压，把它当成一种促进我们成长的积极因素。生命是一个不断蜕变的过程，有了折磨它才能进步，才能得到升华。如果说你已经是成功者，那么不妨回忆一下，真正促成我们成功的，除了自身的能力、亲友的鼓励以外，是不是还有别人的折磨？不管那些人是善意还是恶意，他们在折磨你的同时，是不是也成全了你？这种痛苦是不是让你变得更加睿智、更加成熟？

其实，“每一种折磨或挫折，都隐藏着让人成功的种子”，那些正在向成功努力的人更应该看清这一点，不要害怕别人的折磨，更不要因此萎靡不振。事实上，我们从小到大一直在经受着某种意义上的折磨：老师对于我们落后的批评、同学对于我们错误的指责、朋友对于我们偏差的纠正、父母偶尔扬起的巴掌……这一切一切，我们都把它当成理所当然，因为我们知道，每一次的折磨，都像在我们脚下垫了一块砖，让我们站得更高，看得更远。那为什么现在，我们的心智更加成熟了，反倒无法释然了呢？或许真是因为我们觉得自己长大了，我们觉得自己不再需要鞭策；又或者我们太希望人生能够一帆风顺，我们心中的“自我意识”容不得别人的侵犯。但事实上，我们错了！你要知道，没有经历过折磨的雄鹰不可能高飞几十年，没有被生活折磨过的人不可能坦然看世间。其实，那些折磨过我们的人和事，往往正是人生中最受用的经历。你不觉得它就像牡蛎一样吗？虽然会喷出扰乱前途的沙子，可是内涵却在于体内那一颗颗绚丽的“珍珠”！

不知道大家有没有听说过，在心理学上有一种“最优经验”的说法：当一个人自觉将体能与智力发挥到极致之时，就是“最优经验”出现的时候，而通常，“最优经验”都不会在顺境之中发生，大多是在千钧一发之际被激发出来。据说，许多在集中营里大难不死的囚犯，就是因为困境激发了他们采取最优的应对策略，最终能躲过劫难。

那我们为什么不能这样？——就让别人的折磨来刺激我们的“最优经验”。换言之，当有人打压、欺负、刻薄，甚至是伤害我们之时，我们是不是可以将心底爆发出来的怒气转化为志气？说得通俗一点，谁越瞧不起我们，我们就越要做出个样子给他们看看！人若是没这点志气，别人越看不起你，你就越放任自流或者说逆来顺受，那人生也就看不出什么实际意义了。

所以，当有人折磨你时，不妨想想罗曼·罗兰的那句话——“从远处看，人生的不幸折磨还很有诗意呢！”是的，这个时代，众多竞争对手使我们立于没有硝烟的战场之中，也许我们无法选择，也许这场战争使我们饱受折磨，但是——我们完全可以把它当成充满诗意的鞭策，就让别人来驱散我们的惰性，逼着我们不断向前。假如大家能够具备这种心态，那我们大抵就可以做事了。

不与别人比着活

这世上总有人比你拥有的更多、更好，所以在这场较量中，你不可能“赢”。与他人比，你永远只能一时高兴。

其实，攀比也并非都是坏事。如果能够通过攀比，发现自身的不足、认识自己的独特、承认与别人的差异、确定努力的方向、激发合理竞争的欲望，那么攀比一下又何妨？这样比有什么不好？这样比也能促成进步，这样比完全是可以的。

但是，如果什么都要比，聚在一起就比事业、比地位、比房子、比车子、比银子……非要比出个谁强谁弱，比赢了就扬扬得意、不知所以，比输了就垂头丧气、耿耿于怀，那就是一种心理失衡了。从某种意义上说，这完全是在自找烦恼。希望大家明白，一山还有一山高，倘若一路比下去，只会让自己越比越急、越比越累。

有一位作家，他的寓所附近有一个卖油面的小摊子，一次，作家带孩子散步路过，看到生意极好，所有的椅子都坐满了人。父子二人饶有兴趣地看了起来。

只见卖面的小贩把油面放进烫面用的竹捞子里，一把塞一个，仅在刹那之间就塞了十几把，然后他把叠成长串的竹捞子放进锅里烫。

接着他又以迅雷不及掩耳的速度，将十几个碗一字排开，放作料等，随后捞面加汤。做好十几碗面前后没有用到5分钟，而且还边煮边与顾客聊着天。

作家和孩子都看呆了。

在他们从面摊离开的时候，孩子突然抬起头来说："爸爸，我猜如果你和卖面的比赛卖面，你一定输！"

对于孩子的话，作家莞尔一笑，并且立即坦然承认，自己一定输给卖面的人。作家说："不只会输，而且会输得很惨，我在这世界上是会输给很多人的。"

他们在豆浆店里看伙计揉面做油条，看油条在锅中胀大而充满神奇的美感，作家就对孩子说："爸爸比不上炸油条的人。"

他们在饺子馆，看见一个伙计包饺子如同变魔术一样，动作轻快，双手一捏，个个饺子大小如意，晶莹剔透，作家又对孩子说："爸爸比不上包饺子的人。"

生活的道理应该是这样：我们没必要为了面子让自己活得太累，在人前处处逞强，仿佛自己什么都能做到似的。每个人都有缺陷，要敢于承认己不如人，也要敢于对自己不会做的事情说“不”，这样我们自然能够获得一份适意的人生。

其实，“攀比”本身没有错，错的是我们对待“攀比”的心态。人一旦有了不正常的比较心，往往意不能平，终日惶惶于所欲，去追寻那些多余的东西，空耗年华，难得安乐。然而，尽管我们都知道“人比人，气死人”的道理，可在生活中，我们还是要将自己与周围环境中的各色人物进行比较，可是攀来比去，最后除了虚荣的满足或失望之外，还剩下什么？有没有意义？是徒增烦恼还是有所收获？答案是：毫无意义！

其实，他是他，你是你，他有的你不一定有，你有的他也未必有，生活是自己的，只要自己过得开心、舒适就好。我们又何必与人比着活？

不知大家有没有看过这样一则寓言：

猪说：“假如让我再活一次，我要做一头牛，工作虽然累点，但名声好，让人爱怜。”

牛说：“假如让我再活一次，我要做一头猪，吃罢睡，睡罢吃，不出力，不流汗，活得赛神仙。”

鹰说：“假如让我再活一次，我要做一只鸡，渴了有水，饿了有米，有房住，还受人保护。”

鸡说：“假如让我再活一次，我要做一只鹰，可以翱翔天空，云游四海，任意捕兔杀鸡。”

那么你呢？又是不是也在想象自己能够过上别人的生活？是

不是觉得那样才快乐？其实幸福如人饮水，冷暖自知。

你不是别人，你没有走过他所走过的路，又怎会知道他心中是苦是乐？所以没有必要羡慕、忌妒。

你的幸福也许就是一碗白开水，你每天都在喝，何必羡慕别人喝的、带有各种颜色的饮料？其实未必有你的白开水解渴。

所以说，别活得太累，幸福的标准因人而异，你完全没有必要羡慕别人，你只要知道自己的方向，你努力朝着这个方向去做，就能体现你的价值，并收获你的幸福，而这个价值和幸福，也都是别人所无法达到的。

用善意的心灵与世界对话

宽容是一种力量，它使人产生强大的凝聚力和感染力，使别人愿意团结在你的周围；宽容是一缕阳光，能消冰融雪，化干戈为玉帛；宽容是一种福气，以宽厚仁爱之心待人，会获得别人的爱戴和帮助；宽容是一根神奇的魔术棒，它可以改善个体与社会的关系，使世界更和谐……给这世界以宽容，用善意的心灵与世界对话：给寒冷的肩膀以温情的抚摸；给贫穷的心灵以无私的关怀；给身陷泥沼的双手以悔悟的藤条；给迷茫的眼睛以清醒的灯光，这样，你的生活就会多积累一种财富。

宽恕这个世界，不是为了显示你的宽宏大度，而首先是为了你的健康，如果仇恨成了你的生活方式，你就选择了最糟糕的生活状态。近几年，世界医学领域已经兴起一门新学科，叫“宽恕学”。它从养生的角度出发，对宽恕心态与自身健康的联系进行了多方面研究。结果表明，人如果一直处于“不宽恕”状态中，身心就会遭受巨大压力，其中包括苦恼、愤怒、敌意、不满、仇恨和恐惧，以及强烈的自卑、压抑等，这会直接导致我们产生不良生理反应，如血压升高和激素紊乱，从而引起心血管疾病和免疫功能减退，甚至可能会伤害神经功能和记忆力。而宽恕，显然能让这些压力得到有效的缓解。虽然我们目前还不知道宽恕具体是如何调理身心健康的，但毋庸置疑，它的确会让我们更快乐、更放松。

有位朋友，总是愤世嫉俗，由于在学习、生活、工作中遭遇了许多误解和挫折，渐渐地，他养成了以戒备和仇恨的心态看世界的习惯。在压抑郁闷的环境中他度日如年，几乎要崩溃，感觉整个世界都在排斥他。

他有一种强烈的发泄欲望。多年来这种念头一直缠绕着他，他想在自己所处的环境发泄，又担心受到更多的伤害，他一直压抑、克制着自己的这种念头，但越是克制越烦恼，他因此寝食不安。

有一天，他为了散心，登上了一座景色宜人的大山。他坐在山上，无心欣赏幽雅的风景，想想自己这些年遭遇到的误解、歧视、挫折，他内心的仇恨像开闸的洪水一样，汹涌而出。他大声对着空荡幽深的山谷喊道："我恨你们！我恨你们！我恨你们！"话一出口，山谷里传来同样的回音："我恨你们！我恨你们！我恨你们！"他越听越不是滋味，又提高了喊叫的声音。他骂得越厉害，回音更大更长，扰得他更恼怒。

就在他再次大声叫骂后，从身后传来了"我爱你们！我爱你们！我爱你们"的声音，他扭头一看，只见不远处寺庙里的方丈在冲着他喊。

片刻方丈微笑着向他走来，他见方丈面善目慈，便一股脑说出了自己所遭遇的一切。

听了他的讲述，方丈笑着说："晨钟暮鼓惊醒多少山河名利客，经声佛号唤回无边苦海梦中人。我送你四句话。其一，这世界上没有失败，只有暂时没有成功。其二，改变世界之前，需要改变的是你自己。其三，改变从决定开始，决定在行动之前。其四，是决心而不是环境在决定你的命运。你不妨先改变自己的习惯，试着用友善的心态去面对周围的一切，你肯定会有意想不到的快乐。"

他半信半疑，表情很复杂。方丈看透了他的心思，接着说："倘若世界是一堵墙壁，那么爱是世界的回音壁。就像刚才，你以什么样的心态说话，它就会以什么样的语气给你回音。爱出者爱返，福往者福来。为人处世许多烦恼都是因为对外界苛求得太多而产生的。你热爱别人，别人也会给你爱；你去帮助别人，别人也会帮助你。世界是互动的，你给世界几份爱，世界就会回你几份爱。爱给人的收获远远大于恨带来的暂时的满足。"

听了方丈的话，他愉快地下山了。

回去后他以积极、健康、友爱的心态对待身边的一切，他和同事之间的误解消除了，没有人再和他过不去，工作上他比以往好多了，他发现自己比以前快乐多了。

的确，爱是世界的回音壁，想要消除仇恨，给生命增添些友爱，就请用善意的心灵与世界对话。你的声音越发友善，得到的回复将越发美妙，这美妙的回复又会给我们的心灵带来更多的平和与欢乐。

其实善意，对他人而言也是无价之宝，透过善意，我们可以给予需要爱的人温暖。爱与被爱的人，比远离爱的人幸福。我们付出越多的善意，就会得到越多善意的回报，这是永恒的因果关系。

善意让人们不再相互欺骗，不再互相轻视，在愤怒或意志薄弱时，也不会相互伤害。善良的意念就如母亲一般：它丰富了人类的生命，不给予丝毫的限制和牵绊；提升了人性，给予生命无限的高贵。

可惜，生活中总是有一些人不懂得爱的伟大，他们心胸狭隘，一点点小事就足以使他们心烦意乱。当别人无意中惹到他们时，他们总是抱着“以牙还牙，以眼还眼”的态度，摆出一副“寸土必争”的姿态予以还击。他们做人的原则就是绝不吃亏，但实际上这种人往往容易吃大亏。

“以眼还眼，以牙还牙”，看起来矛盾的双方是势均力敌，谁都不吃亏，但当你真的以这种原则去办事时就会发现，你可能解了一时之气，但不能得到大多数人的认可和好评。因为你的行为事实上是在告诉别人：你是一个度量狭小的人，那么还有谁愿意靠近你呢？

坦然，会让我们的生活美丽而快乐

得意也罢，失意也罢，要坦然地面对生活的苦与乐。假如生活给我们的只是一次又一次的挫折，也没什么的，因为生活并没有夺走我们选择快乐和自由的权利。

“不以得为喜，不以失为忧”，是一种非常良好的心态。这种心态的优势是专注于自己的事情，不因一时得失而忧心忡忡或兴奋狂跳。也不要大喜大悲，那样会使我们失去冷静。

要以一种泰然处之的心态去面对。生活是我们的向导，它能把我们从痛苦中引领出来。在沉重的打击面前，需要有处乱不惊的乐观心态。冷静而乐观，愉快而坦然。在生活的舞台上，要学会对痛苦微笑，要坦然面对不幸。

任何事情都有它的两面性。成就能给你带来快乐，也可以给你带来烦恼。不要过分地去追求，也不要过分地重视自己的地位，你便会过得坦然而自信。

量子论之父马克斯·普朗克的一生并不是一帆风顺的。中年

的时候妻子逝世；在第一次世界大战期间，他的长子卡尔在法国负伤身亡；他的两个孪生女儿也都在生孩子后不久，分别相继去世。

第二次世界大战中，不幸的遭遇又一次降临到普朗克的头上。他的住宅因飞机轰炸而焚毁，他的全部藏书、手稿和几十年的日记，全部化为灰烬。1944 年末，他的次子被认定有密谋暗杀希特勒的“罪行”而被警察逮捕。普朗克虽采取了多方的求助，但依旧没有挽救得了儿子的性命。

对于这些不幸，普朗克说：“我们没有权利只得到生活给我们的所有好事，不幸是自然状态……生命的价值是由人们的生活方式来决定的。所以人们一而再、再而三地回到他们的职责上，去工作，去向最亲爱的人表明他们的爱。这爱就像他们自己所愿意体验到的那么多。”

对于自己遭遇的一个又一个的不幸，普朗克都能正确地对待，他没有被这些不幸击倒，也始终没有忘记自己人生的意义。

一个人的坦然，是一种生存的智慧。生活的艺术，是看透了社会人生以后所获得的那份从容、自然和超然。

一个人要能自在自如地生活，心中就需要多一份坦然。笑对人生的人比起在曲折面前悲悲戚戚的人，始终坚信前景美好的人较之脸上常常阴云密布的人，更能得到成功的垂青。

马克·吐温被评论家们称美为美国最伟大的爱开玩笑的人，他也是美国最伟大的哲学家之一。他从小就已经接触到生活的种种悲剧：他的两个哥哥和一个姐姐，在他年少时相继死去；他的4个孩子，在他还活在人世的时候，也都一个个先他而去。他饱尝了生活的苦楚艰辛，可他坚信，如果用欢笑作为止痛剂来减轻苦痛，也能够得到乐趣。我们可以适当地使自己处于超然的地位，来观赏自身痛苦的情景。

在沉重的打击面前，需要有处事不惊的乐观心态，这样就能战胜沮丧，化坎坷崎岖为康庄大道。你可能一时丢掉了原本属于你的东西，或是错过了一次机会，但是，在精神上绝不能失望。冷静而达观，愉快而坦然，是成功的催化剂，是另辟蹊径、迎接胜利的法宝。

无所欲，无所求，只愿有个好的体魄，有个幸福的家庭，衣能蔽体，食能果腹足矣。这是一种超境界的平常心态。

摒弃世俗的偏见，豁达、洒脱，无忧无虑地承受人生百味，争取做到富不狂，贫不悲，宠不荣，辱不惊，真正拥有一种健康、平和的心态，痛痛快快地享受人世间的阳光和温馨。

这个世界上有多少诱惑，就有多少欲望。一个人需要以清醒的心智和从容的步履走过岁月，他的精神中必定不能缺少淡泊。淡泊是一种境界，更是人生的一种追求。虽然，我们每个人都渴望成功，但我们更需要的是一种平平淡淡的生活，一份实实在在的成功。

生活里没有旁观者，每个人都有一个属于自己的位置，每个人也都能找到一种属于自己的精彩。坦然，会让我们的生活美丽而快乐！

平易恬淡才是最美

生活简单、恬淡无争，是天地的规律、道德的本质。因此，那些得道的圣人悠然自得，没见他们忧虑什么，而一生顺利。其实，平易恬淡才是最美好的生活，只是人们谁都不信，总要弄得生活有波澜、有曲折，才认为那是生活。

在圣贤者看来，平易恬淡就没有忧患，这样邪气才不能袭扰自己的身心。只有这样的人，才能做到德性完备而神情不亏损。所以说，得道的圣人们生是顺天之运行，死是随万物而化；不为子孙先造下什么福，更不为子孙留下什么祸；有所感才有回应，有所迫才会有动力，一切是不得已而后起；丢弃心机与世故，遵守自然规律而行。

菲律宾《商报》登过一篇文章。作者感慨她的一位病逝的朋友一生为物所役，终日忙于工作、应酬，竟连孩子念几年级都不知道，留下了最大的遗憾。作者写道，这位朋友为了累积更多的财富，享受更高品质的生活，终于将健康与亲情都赔了进去。那栋尚在交付贷款的上千万元的豪宅，曾经是他最得意的成就之一。然而豪宅的气派尚未感受到，他却已离开了人间。作者问："这样汲汲营营追求身外物的人生，到底快乐何在？"

这位朋友显然也是属“世味浓”一族，如果他能把“世味”看淡一些，岂不是惬意的生活？

平易恬淡的生活是快乐的源头，它为我们省去了欲求不得满足的烦恼，又为我们开阔了身心解放的快乐空间！

平易恬淡就是剔除生活中繁复的杂念、拒绝杂事的纷扰；平易恬淡也是一种专注，叫作“好雪片片，不落别处”。生活中经常听一些人感叹烦恼多多，到处充满着不如意；也经常听到一些人总是抱怨无聊，时光难以打发。其实，生活是平易恬淡而且丰富多彩的，痛苦、无聊的是人们自己而已，跟生活本身无关。所以是否快乐、是否充实就看你怎样看待生活、发掘生活。如果觉得痛苦、无聊、人生没有意思，那是因为你不懂快乐的原因！

解放迷茫的内心世界

假如我们能够适时地将心中的那些烦心琐事抛开，解放迷茫的内心世界，就能找回在生活中迷失的自我。

只要我们正在经历生活，就免不了会有一些事情占据心间挥之不去，让我们吃不下、睡不着，然而这些事情却并非那么重要而让我们非装着不可的事情，只是我们庸人自扰罢了。

有一位成功的商人，虽然赚了几百万美元，但他似乎从来不曾轻松过。

他下班回到家里，刚刚踏入餐厅中。餐厅中的家具都是胡桃木做的，十分华丽，有一张大餐桌和六张椅子，但他根本没去注意它们。他在餐桌前坐下来，但心情十分烦躁不安，于是他又站了起来，在房间里走来走去。他心不在焉地敲敲桌面，差点被椅子绊倒。

他的妻子这时候走了进来，在餐桌前坐下。他说声你好，一面用手敲桌面，直到一个仆人把晚餐端上来为止。他很快地把东西一一吞下，他的两只手就像两把铲子，不断把眼前的晚餐一一铲进口中。

吃过晚餐，他立刻起身走进起居室去。起居室装饰得富丽堂皇，意大利真皮大沙发，地板铺着土耳其的手织地毯，墙上挂着名画。他把自己投进一张椅子中，几乎在同一时刻拿起一份报纸。他匆忙地翻了几页，急急瞄了瞄大字标题，然后，把报纸丢到地上，拿起一根雪茄。他一口咬掉雪茄的头部，点燃后吸了两口，便把它放到烟灰缸去。

他不知道自己该怎么办。他突然跳了起来，走到电视机前，打开电视机。等到画面出现时，又很不耐烦地把它关掉。他大步走到客厅的衣架前，抓起他的帽子和外衣，走到屋外散步。他持续这样的动作已有好几百次了。他在事业上虽然十分成功，但却一直未学会如何放松自己。他是位紧张的生意人，并且常常放不下公司里的那些琐碎事情。他没有经济上的问题，他的家是室内装饰师的梦想，他拥有四部汽车，但他却无法放松自己。为了争取成功与地位，他已经付出了自己全部的时间去获得物质上的成就，然而，在他拼命工作、拼命赚钱的过程中，却迷失了自己。

过分地投入物质生活，就会受到来自于诸多方面烦恼的干扰，常常令我们身心疲惫、痛苦不堪，然而心病还需心药医，我们只有从内心摆脱这些烦恼的束缚，将它们全部抛开，才能让心灵得到真正的轻松。